“十三五”国家重点研发计划项目
装配式混凝土结构安装与支撑工具关键技术研究与应用（2016YFC0701906-3）资助

装配式混凝土结构安装与支撑工具技术指南

主编单位：中国建筑第八工程局有限公司

中国建筑工业出版社

图书在版编目（CIP）数据

装配式混凝土结构安装与支撑工具技术指南/中国建筑第八工程局有限公司主编单位．—北京：中国建筑工业出版社，2021.10
ISBN 978-7-112-26626-5

Ⅰ.①装… Ⅱ.①中… Ⅲ.①装配式混凝土结构-建筑施工-指南 Ⅳ.①TU37-62

中国版本图书馆 CIP 数据核字（2021）第 192358 号

本书是面向建筑工业化、产业化一线管理人员和技术人员的一本技术指南，重点介绍装配式建筑预制构件安装时的工装设备以及使用技术要点。全书共分为 4 章，包括编制说明，预制构件安装、就位、调节工具，支撑工具系统，安全防护工具。内容精炼、图文并茂、重点突出。本书可作为从事装配式混凝土结构施工的技术人员、建筑工程类执业注册人员、政府各级相关管理人员等的专业参考书和培训用书，也可作为职业学校相关专业教材。

责任编辑：张　磊　王砾瑶　范业庶
责任校对：芦欣甜

装配式混凝土结构安装与支撑工具技术指南
主编单位：中国建筑第八工程局有限公司
*
中国建筑工业出版社出版、发行（北京海淀三里河路 9 号）
各地新华书店、建筑书店经销
唐山龙达图文制作有限公司制版
北京建筑工业印刷厂印刷
*
开本：787 毫米×1092 毫米　1/16　印张：4　字数：97 千字
2021 年 10 月第一版　　2021 年 10 月第一次印刷
定价：**25.00** 元
ISBN 978-7-112-26626-5
(37622)

本书编委会

主 编 单 位：中国建筑第八工程局有限公司

副主编单位：中建三局第一建设工程有限责任公司

主　　　编：张士前　伍永祥

副　主　编：廖显东　管启明　林文彪　俞庆彬

编 写 成 员：范新海　苏　章　吕　鹏　刘亚男

欧阳浩　周毓载　梁　伟　吕求栋

陈越时　马昕煦　李　广　华晶晶

前　言

在国家顶层设计下，一系列建筑工业化政策接连出台，推动建筑工业化的飞速发展和进步。随着劳动力成本不断攀升、人口红利逐渐消失、建筑业劳动生产率低下、资源消耗严重、作业环境条件差以及居民对建筑品质需求提升等，迫使土木工程产业持续向工业建造方向转型。

传统建筑行业分散的、低水平的、低效率的手工业生产方式将被完全的机械化、智能化生产所替代。尽管目前建筑工业化得到飞速发展，工业化水平得到一定的提高，装配式建筑在各个地区得到不同程度发展，建造水平得到了提升，装配式建筑设计、体系研发等技术也得到了较为成熟发展和应用。然而，在装配式建筑施工环节，工业化程度发展仍然滞后，部品部件安装就位施工技术大部分沿用传统现浇结构的施工方式，现场专业安装设备机械化程度仍然落后，不同项目未有统一、标准的专业化施工安装工具和设备，施工技术差异性大、标准化程度低、安装效率低、施工质量不高，不能满足建筑工业化日益发展的需求。

针对以上的情况，迫切需要在集成现有的装配式建筑结构施工工具、工装设备相关技术和工程实践基础上，进行系统研究，建立较为全面的装配式建筑结构安装与支撑工具技术体系，供业界人员参考。

本书受国家重点研发计划子课题“装配式混凝土结构安装与支撑工具关键技术研究与应用”（2016YFC0701906-3）资助，为面向建筑工业化、产业化一线管理人员和技术人员的一本技术指南，重点介绍装配式建筑预制构件安装时的工装设备以及使用技术要点，主要包括预制构件安装、就位、调节工具，支撑工具系统，安全防护工具等工程实践技术内容和操作要点，可为相关行业人员在标准化、装配化施工方面提供参考借鉴。

建筑工业化转型升级任重道远，部品部件的施工机械化、智能化技术需要深入研究和探索。由于编写时间紧促、水平有限，难免存在疏漏和偏差，恳请大家批评指正。

目　录

1 编制说明

1.1 适用范围

1. 本指南主要适用于工业与民用建筑，装配式混凝土建筑预制构件的安装与临时固定。

2. 本指南主要介绍安装、支撑以及安全防护等工具工装的应用。

3. 施工单位可采用BIM技术及三维模拟技术，对预制构件的安装与支撑等环节进行施工模拟，优化施工技术。

1.2 编制依据

1.《装配式混凝土建筑技术标准》GB/T 51231—2016
2.《装配式混凝土结构技术规程》JGJ 1—2014
3.《混凝土结构工程施工质量验收规范》GB 50204—2015
4.《混凝土结构工程施工规范》GB 50666—2011
5.《预制带肋底板混凝土叠合楼板技术规程》JGJ/T 258—2011
6.《钢筋套筒灌浆连接应用技术规程》JGJ 355—2015
7.《建筑施工脚手架安全技术统一标准》GB 51210—2016
8.《建筑施工工具式脚手架安全技术规范》JGJ 202—2010
9.《建筑施工高处作业安全技术规范》JGJ 80—2016
10.《建筑机械使用安全技术规程》JGJ 33—2012
11.《装配式混凝土剪力墙结构住宅施工工艺图解》16G906

1.3 编制内容

本指南以装配式结构建筑施工技术为主线，以安装工具与支撑系统及防护工具为具体实施重点，突出装配式建筑在安装过程中安装工具、支撑系统、防护工具在施工过程中的关键技术要点、适用范围、措施及注意事项。装配式结构体系近几年的发展较为迅速，但与之配套的安装建造技术发展未能跟上步伐，尤其施工过程中的工具使用混乱。因此，有必要对装配式建筑施工过程中安装、支撑与防护工具进行集成技术研究。本指南通过文献、施工现场调研及课题研发对装配式建筑目前主流的安装工具、支撑系统与防护工具进行归纳总结，形成集成化工具施工关键技术与操作要点。

2　预制构件安装、就位、调节工具

安装前的准备工作应符合下列规定：

（1）应编制施工组织设计和专项施工方案，包括安全、质量、环境保护方案及施工进度计划等内容。

（2）应对所有进场部品、零配件及辅助材料按设计规定的品种、规格、尺寸和外观要求进行检查。

（3）应进行技术交底。

（4）现场应具备安装条件，安装部位应清理干净。

（5）装配安装前应进行测量放线工作。

2.1　钢筋定位检查工具

钢筋定位器采用墙体或预制柱等长、等宽的钢板制成。在钢板上按钢筋对应位置开孔，其加工精度应达到预制墙板底面模板精度。在套筒开孔位置之外，应另行开直径较大的孔洞，一方面可供振捣棒振捣，另一方面也可以减轻自重，方便操作。钢板的厚度及开孔数量、大小应保证定位器不发生变形，避免定位器失效，一般情况下厚度可取6～10mm，孔洞直径宜为100mm。钢筋定位器分为单层或双层，单层定位器在钢筋开孔处可安装内径与套筒内径相同的钢套管，用以检测连接钢筋是否有倾斜，钢套管长度建议小于连接钢筋的4d。对于双层的钢筋定位器，通过上下两层的钢筋孔来检测钢筋是否倾斜，上下层钢板外层距离宜为连接钢筋的8d（图2-1、图2-2）。

(a) 剪力墙钢筋定位器

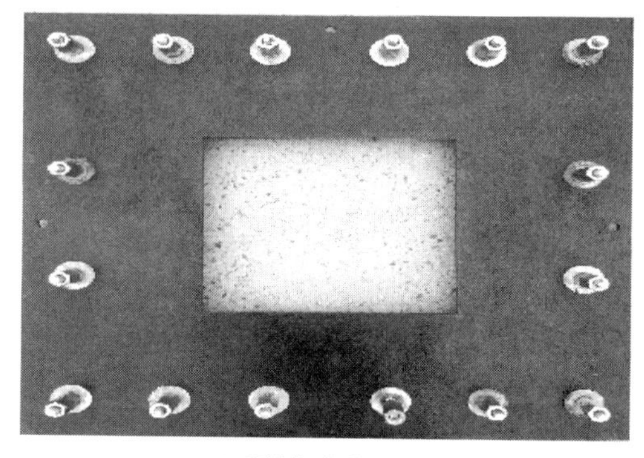

(b) 预制柱钢筋定位器

图2-1　单层钢筋定位器

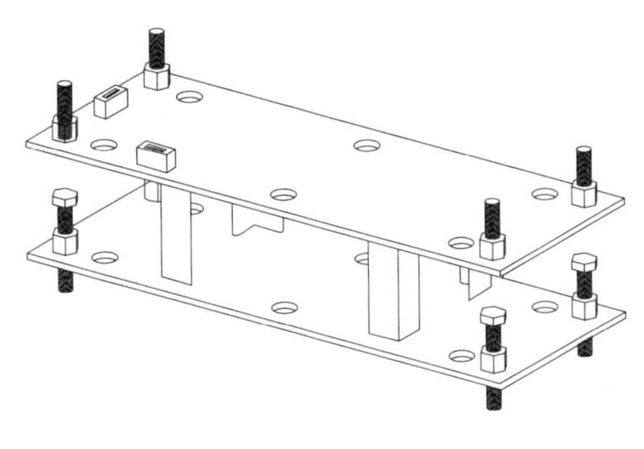

(a) 定位器示意图

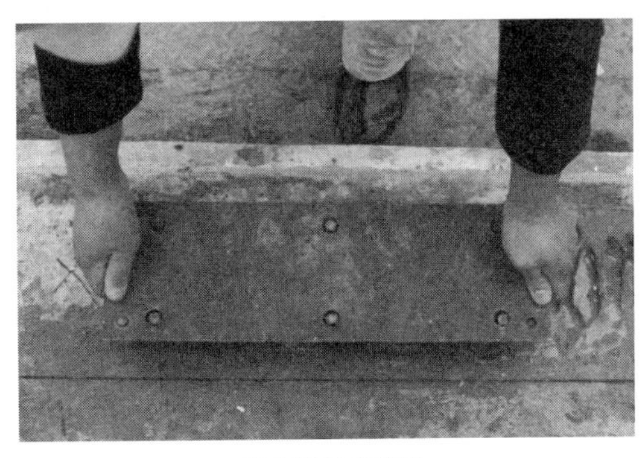

(b) 定位器操作图

图 2-2　双层钢筋定位器

1. 原理

钢筋定位检查工具主要根据预留钢筋的设计位置在钢板上开孔，在上层钢板安装气泡水平仪，钢板四个边角的螺杆具有调节高度的作用。

2. 主要作用

对预留钢筋的定位进行检查，确保预留钢筋定位准确。

3. 使用方法

在浇筑预留钢筋部位的混凝土前，使用钢筋定位检查工具对预留钢筋的定位进行检查，若此工具能顺利套入钢筋，则外伸钢筋定位准确；若此工具无法顺利套入钢筋，则需要使用钢筋矫正工具进行矫正，直至钢筋定位检查工具能顺利套入钢筋。此外，在通过调节螺杆高度使钢板上的气泡水平居中后，该工具还可直接检测钢筋外伸长度。

4. 适用范围

竖向连接为套筒灌浆连接、波纹管连接、直螺纹连接、浆锚连接等连接形式的预制框架结构、预制剪力墙结构等。

5. 注意事项

钢筋定位装置应保证较好的刚度和精度。钢筋矫正时应取下定位装置，防止在矫正时损坏钢筋定位器。禁止强行安装定位器，防止变形或损坏。

2.2 钢筋矫正工具

1. 用途

此装置包括主结构系统、底部测量系统、中部水平系统，以及顶部把手。主结构系统是由三根钢筋或钢制水管通过焊接在一串固定间距的六角螺母上，并通过紧固铁带将钢筋紧固在螺母上而构成的；底部测量系统是装置底部设置的刻度标尺和刻度数值，用于测量竖向钢筋长度；中部水平系统是指中部设置的圆形气泡水平仪，用于检查钢筋垂直度（图 2-3）。

2. 应用

将该装置套在竖向钢筋上，扳动把手对其进行矫正；矫正竖向钢筋直到圆形气泡水平仪的气泡居中；矫正过程中，通过查看圆形气泡水平仪的气泡是否居中来判断钢筋是否调直；矫正完毕后测量竖向钢筋的长度，以此判断是否满足要求（图 2-4）。

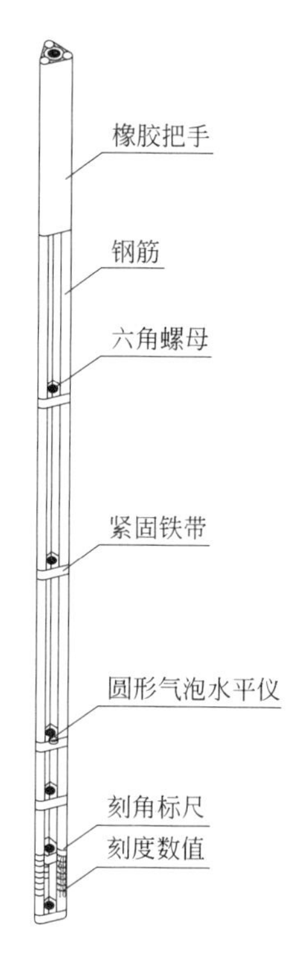

图 2-3　钢筋矫正检查测量工具

图 2-4　钢筋矫正工具现场应用

2.3　液压爪式千斤顶

1. 用途

对现场预制构件安装进行分析，预制墙体（外墙）的重量最重，构件数量多，安装难度大，用传统撬棍配合塔式起重机进行标高调整，工效较低，塔式起重机被长时间占用。

预制外墙与楼板的灌浆缝隙图纸尺寸为 20mm，预制外墙的承重墙厚 200mm，普遍重量在 3～7t，采用可调式钢管进行斜支撑调节。

针对以上情况，结合现场实际情况，研发一种标高调整工具，可以较轻松快捷地对预制外墙进行标高调整。

液压爪式千斤顶的爪钩厚 14mm，深入灌浆缝隙 25mm，采用锻造工艺整体成型。千斤顶顶升重量 5t，顶升高度 200mm。顶升时，关闭油缸的回流阀。利用千斤顶的爪钩托住预制墙体下部上升和下降，实现预制墙体标高调整的目的（图 2-5）。

2. 应用（图 2-6）

（1）将手动泵及千斤顶的软管橡胶保护罩摘除，将手动泵的快接接头插入千斤顶的快接接头，拧紧快接接头螺栓。

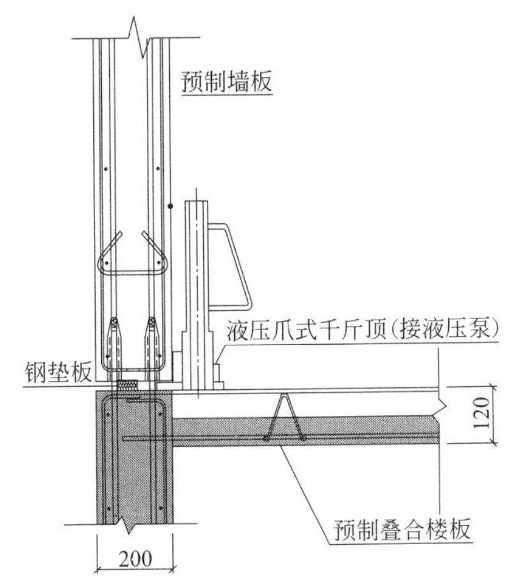

(a) 液压爪式千斤顶工作示意图

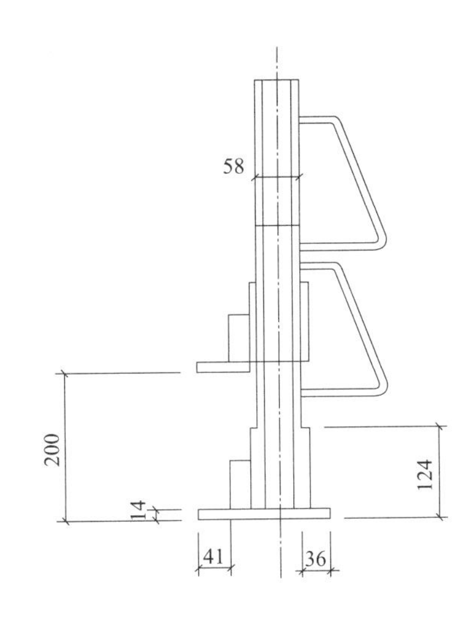

(b) 液压爪式千斤顶立面示意图

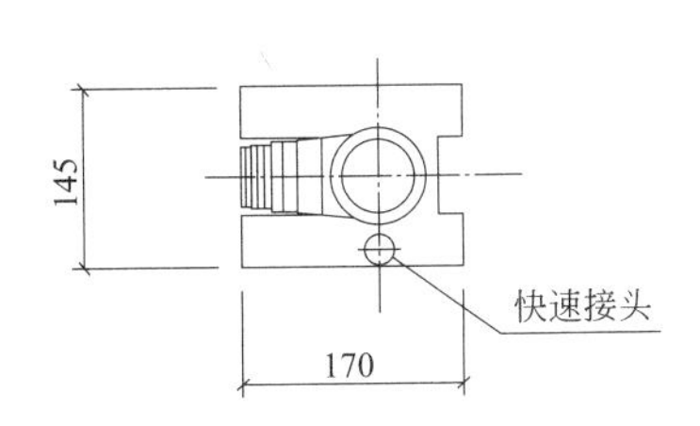

(c) 液压爪式千斤顶平面示意图

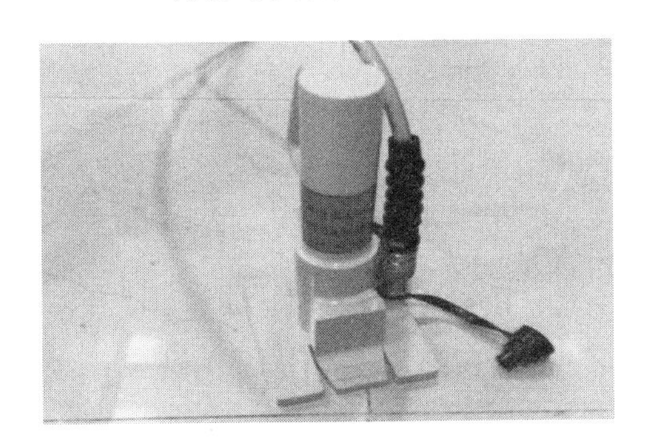

(d) 液压爪式千斤顶实物图

图 2-5　液压爪式千斤顶原理图

(a) 液压爪式千斤顶应用实例1

(b) 液压爪式千斤顶应用实例2

图 2-6　液压爪式千斤顶现场应用

（2）将手动泵前端的回流阀拧紧，将尾端的通气旋钮略微拧松，保证手动泵使用时的空气流通。

（3）按动手动泵手柄，液压油驱动千斤顶顶升，最高行程200mm。将手动泵前端的回流阀拧松，则千斤顶内的液压油回流至手动泵，以此来控制千斤顶的回落。

2.4 水平及竖向机械调整装置

1. 用途

水平及竖向机械调整装置由底座钢板、导轨、升降机、升降机连接底板、丝杆、丝杆轴承座、丝杆螺母及手轮、爪钩钢板装配而成。导轨及滑块各布置有2根。底座为U形平面，对应于爪钩部位开缺口，爪钩钢板嵌套安装于U形缺口部位。

先将机械调整装置的爪钩伸入预制构件底部的缝隙。通过旋转升降机的手轮，使得升降机的竖向蜗杆上下运动，带动下部爪钩上下运动，爪钩托住预制构件上下运动，实现预制构件的标高调整。

爪钩托住预制构件后，机械调整装置的底座与楼板产生压力及摩擦力。旋转丝杆尾部的手轮，水平丝杆与丝杆螺母相对运动，丝杆螺母前后运动，带动升降机的底板及滑块沿导轨前后运动，带动预制构件的前后运动，实现预制构件的轴线位置调整。

2. 应用

采用预制构件水平及竖向调整装置进行预制剪力墙安装工序流程：连接卸扣→起吊→就位→临时支撑安装→塔式起重机卸扣解钩→塔式起重机吊钩降落至下一块预制剪力墙。

塔式起重机卸扣解钩后，采用水平及竖向机械调整装置进行标高调整，可节省塔式起重机时间。剪力墙吊装与安装可形成搭接流水作业（图2-7）。

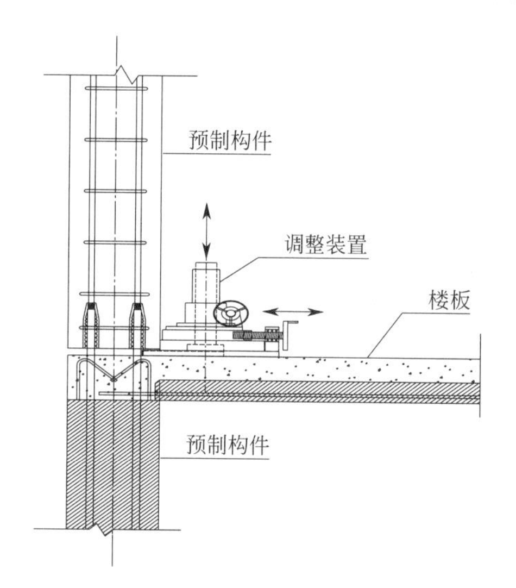

图2-7 水平及竖向机械调整装置（一）

图 2-7 水平及竖向机械调整装置（二）

2.5 双向调节液压千斤顶

1. 用途

双向调节液压千斤顶由底座钢板、液压千斤顶、液压千斤顶连接底板、水平丝杆、丝杆轴承座、丝杆螺母及手轮、爪钩钢板装配而成。导轨及滑块各布置有 2 根。底座为 U 形平面，对应于爪钩部位开缺口，爪钩钢板嵌套安装于 U 形缺口部位。用此设备调整预制剪力墙的标高和轴线位置。

在预制剪力墙安装处，布置 2 台双向调节液压千斤顶。先将液压千斤顶爪钩顶升至 250～300mm 高，用塔式起重机将预制剪力墙吊装至安装位置，缓慢落钩。将预制剪力墙放置于双向调节液压千斤顶的爪钩上，安装斜支撑。再将塔式起重机松钩，通过双向调节液压千斤顶将钢筋插入套筒内，预制剪力墙缓慢下降至安装标高，通过旋转丝杆尾部的手轮，调整预制剪力墙的轴线位置。

2. 应用

采用此设备，塔式起重机可快速松钩。利用此设备进行套筒钢筋的对孔插入，可提高安装效率。

采用双向调节液压千斤顶进行预制剪力墙安装工序流程：连接卸扣→起吊→千斤顶托住预制墙体→塔式起重机卸扣解钩→千斤顶爪钩降落就位→临时支撑安装。

塔式起重机卸扣解钩后，采用液压千斤顶进行标高及轴线调整，可节省塔式起重机时间。剪力墙吊装与安装可形成搭接流水作业（图 2-8）。

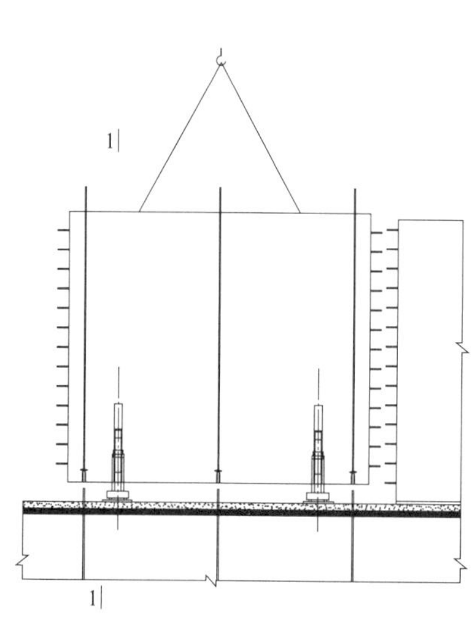

(a) 双向调节液压千斤顶安装示意图

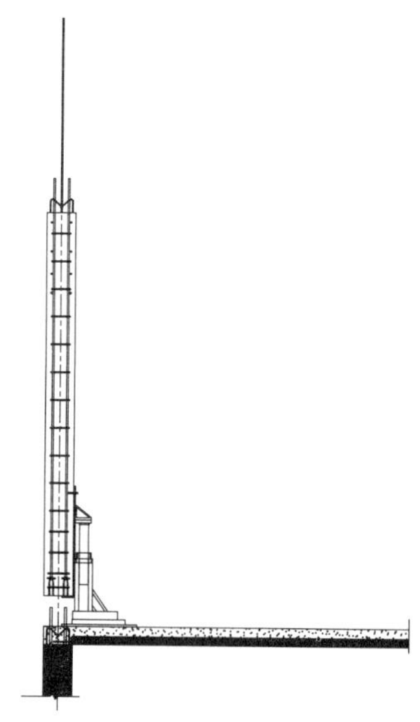

(b) 1-1剖面图

(c) 双向调节液压千斤顶

图 2-8　双向调节液压千斤顶

2.6 液压扩张器

1. 用途

预制外墙与楼板的灌浆缝隙图纸尺寸为20mm，预制外墙的承重墙厚200mm，普遍重量在3～7t，采用可调式钢管进行斜支撑调节。

针对以上情况，结合现场实际情况，研发一种标高调整工具，可以较轻松快捷地对预制外墙进行标高调整。

参考工业设备管道法兰扩张器的工作原理，开发了液压扩张器。扩张器内置顶升油缸，油缸的顶升额定重量5t，采用合金钢材料制作。

2. 应用

将分体式液压扩张器与超高压手动泵通过油管连接，按动手动泵，手动泵驱动分体式液压扩张器内油缸，扩张器张开，带动预制墙体顶升或者下降，轻松实现预制墙体的标高调整。此方法可替代传统撬棍，提高安装效率，减轻安装工人的劳动强度，并可减少对预制墙体的损坏，避免安全事故（图2-9）。

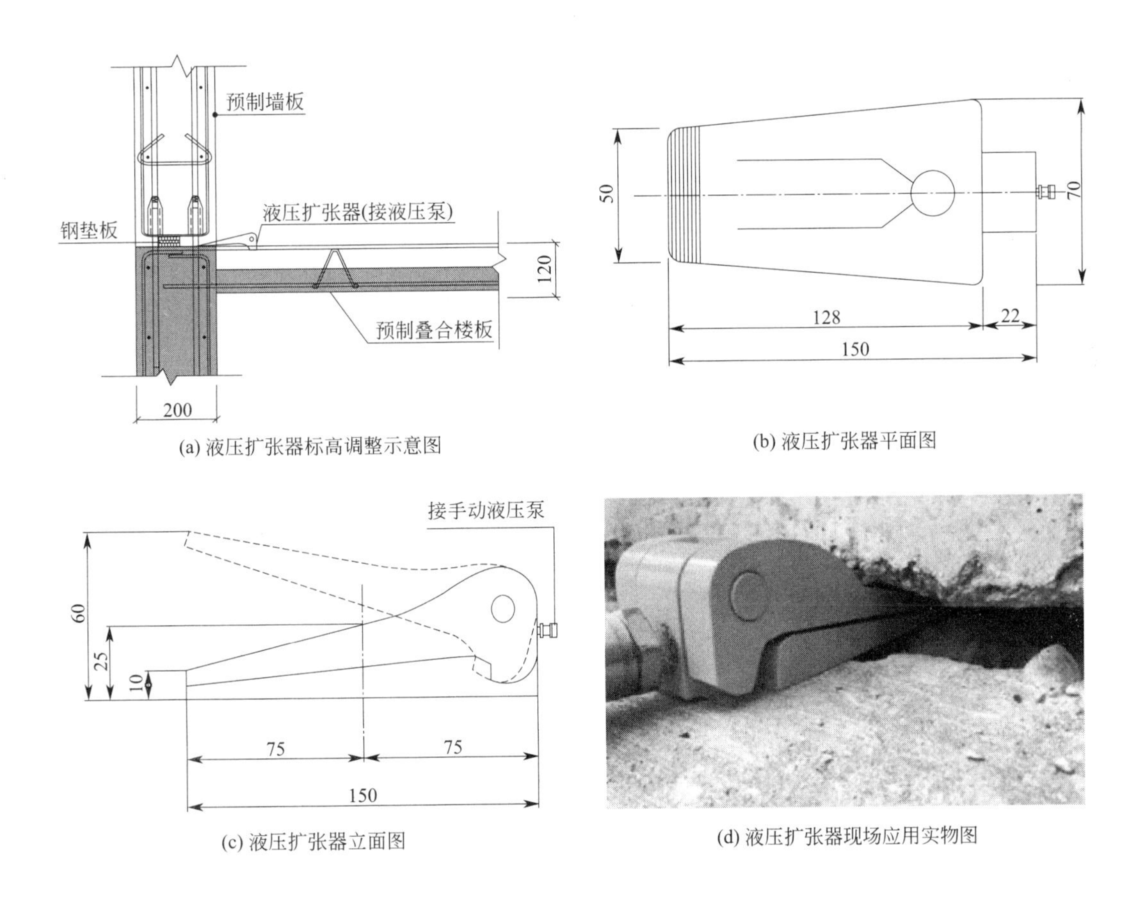

图2-9　液压扩张器

2.7 水平顶推装置

1. 用途

采用钢板制作而成。钢板采用 20mm 厚钢板，钢板钻 4M12 孔，焊接 M30 粗牙螺栓，配 M30 粗牙螺杆，螺杆顶部有连接装置，尾部焊接操作手柄。

可采用预制构件内预埋螺栓套筒或预埋钢筋，实现预制构件的水平调节。

2. 应用

将预制构件水平顶推装置固定于楼板上，顶推装置前端连接板与预制构件相连，转动顶推装置尾端的螺杆，通过螺杆与螺母之间的相对运动，使得螺杆做前后运动，带动预制构件的前后运动，以调节预制构件的轴线位置（图 2-10）。

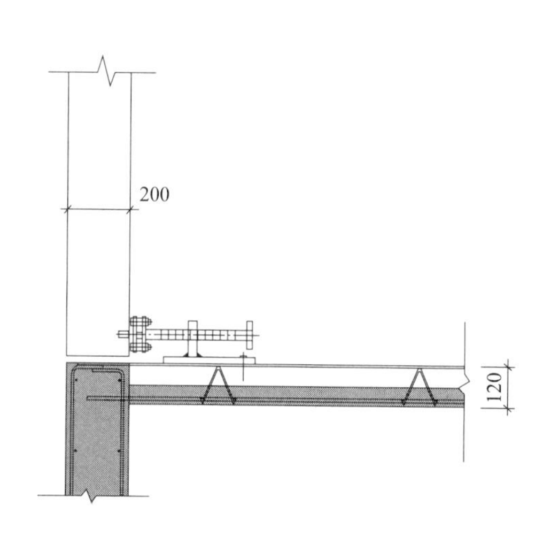

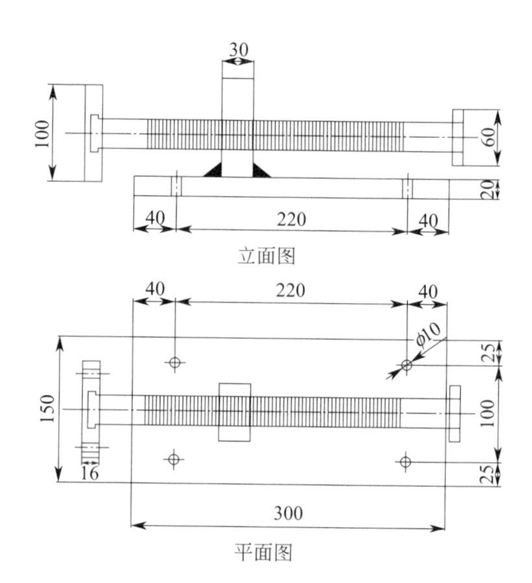

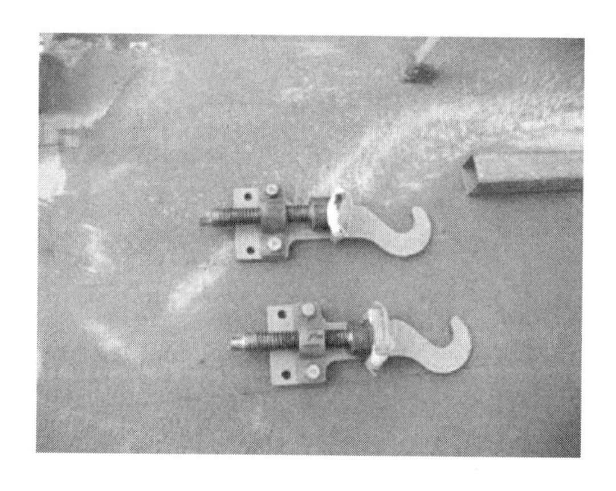

图 2-10　水平顶推装置

2.8 预制框架柱就位引导装置

1. 用途

预应力框架柱普遍采用通长预制柱（三层或四层楼高），预制柱普遍长度较长，重量偏重，吊装就位难度较大。预制柱吊装就位后，需对标高、轴线进行调节。为提高预制柱的吊装及安装效率，需要研发一种预制混凝土柱就位导向装置，方便预制柱的吊装就位，并能调整预制柱的轴线，提高工效，降低危险性。

引导装置结构部分由槽钢、钢板等型钢焊接而成，引导装置底部钢板钻孔与地面通过锚栓或膨胀螺栓固定。引导装置通过固定于主体结构上的双向液压油缸，调整就位导向轮与预制柱之间的间隙。通过预制柱就位引导装置上的导向轮与预制柱之间的滚动接触，引导预制柱向预定位置竖向下落，实现预制柱的就位。

上下就位导向轮固定于液压油缸顶端。就位导向轮通过钢管及钢板连接固定，在连接钢管中间部位安装有调节螺栓，通过调节螺栓与预制柱上预埋螺栓套筒丝扣连接，通过液压油缸的双向运动，顶推或牵引螺栓，实现预制柱的轴线调整（图 2-11）。

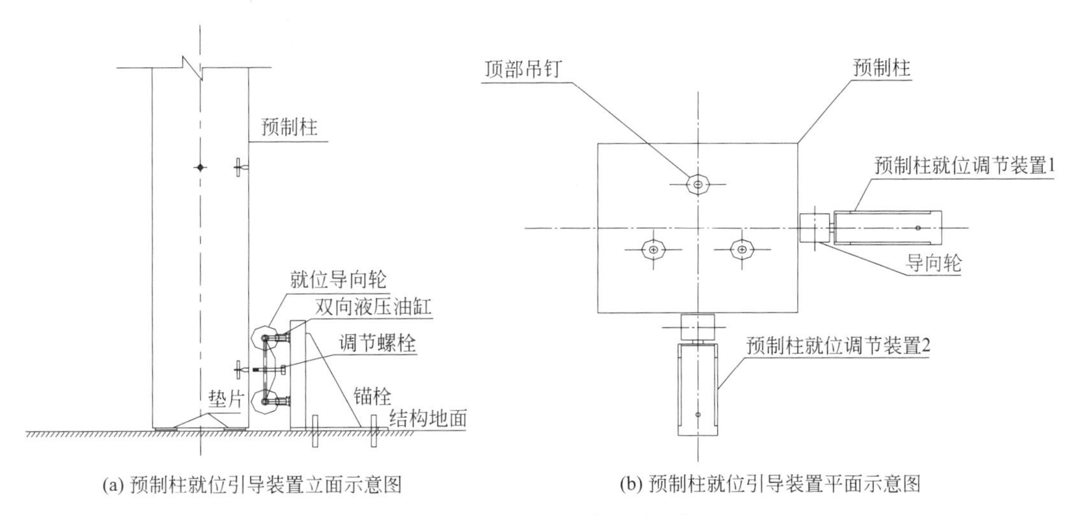

(a) 预制柱就位引导装置立面示意图

(b) 预制柱就位引导装置平面示意图

图 2-11 预制框架柱就位引导装置

2. 应用

（1）在预制柱就位部位弹出 X、Y 轴的中心线，在 X、Y 轴线分别布置一座就位装置。就位装置的中心线与轴线重合。依据就位装置的底座孔位，在地面钻孔，布置膨胀螺栓，将底座固定于楼面上。锚栓或膨胀螺栓承担剪力或拉拔力。固定时，保证装置滚轮与预制柱外边缘留有 5～10mm 间隙。

（2）吊装预制混凝土柱。在预制柱接近就位装置时，稳定吊臂，缓慢调整吊臂，使预制柱与就位装置靠近，逐渐靠近就位装置。

（3）预制柱与就位装置接触或接近接触后，调整吊臂，使预制柱呈竖直状态，缓慢落钩。将预制柱吊装至预定位置，底部套筒与预留钢筋对准插入。在预制柱上部 1/2 以上部位安装钢管斜支撑，将预制柱临时支撑。

（4）吊车摘钩。通过调节双向液压油缸以及调节螺栓的位置，使调节螺栓与预制柱上预埋螺栓套筒丝扣连接，通过液压油缸的双向运动，顶推或牵引螺栓，实现预制柱的轴线调整。

2.9 机械调整装置

预制剪力墙临时安装就位后，先将预制剪力墙通过钢管斜支撑固定。将机械调整装置的爪钩伸入预制剪力墙 1 与楼板 2 之间的缝隙里，通过机械调整装置调整预制剪力墙的标高及轴线位置，调整过程中配合钢管斜支撑的长度调节，实现预制剪力墙的标高、轴线调整。

1. 原理

机械调整装置由底座和上部机构装配而成。底座开平行导槽，调整装置的上部机构安装于底座上，并嵌套安装于导槽内，导槽有限位装置。底座后部有丝杆及手动摇柄，配套螺母安装于底座的侧向钢板上。手动摇柄的螺杆与上部机构用联轴器连接。

上部机构包括支架部分、竖向丝杆、丝杆螺母、推力轴承。竖向丝杆底部安装推力轴承，底部连接装置放置于底部推力轴承上，丝杆底部通过连接装置与爪钩连接。通过旋转上部丝杆螺母，使得竖向丝杆上下运动，带动爪钩上下运动，爪钩托住预制剪力墙构件上下运动，实现预制剪力墙的标高调整。

爪钩托住预制剪力墙后，调整装置的底座与楼板产生压力，旋转底座后部的手动摇柄，水平丝杆与螺母相对运动，螺母固定于底座的竖向侧向钢板，水平丝杆左右运动，推动或牵引机械调整装置的上部机构左右运动，带动预制剪力墙的左右运动，实现预制剪力墙的轴线位置调整（图 2-12）。

2. 用途

主要用于预制剪力墙及预制柱的标高及轴线位置调整。

2.10 可周转锚固工具

可周转锚固工具主要解决混凝土楼面及墙面的连接件的固定及锚固。

1. 原理

在混凝土楼板或墙体上预留洞口，洞口直径比可周转新型锚固承重工具外径大 1～2mm。利用可周转锚固工具的尾部胀开达到锚固的效果，利用可周转锚固工具的尾部弹性复原达到取出重复利用的目的。

2. 构造

新型锚固承重工具由锤击击杆、外筒及销轴装配而成。击杆上开有圆形孔洞，下部为梯形断面。外筒下部截面壁厚逐渐变大，在外筒壁上均布切割 8 条缝隙；外筒的上端开有贯穿型的孔洞。销轴与击杆和外筒间隙配合（图 2-13）。

3. 使用方法

新型可周转锚固承重工具在安装时，将新型锚固承重工具的下部插入混凝土预留孔洞内，锤击击杆的上部，击杆的下端挤压外筒下部的内壁，迫使外筒下部胀开，外筒下部外

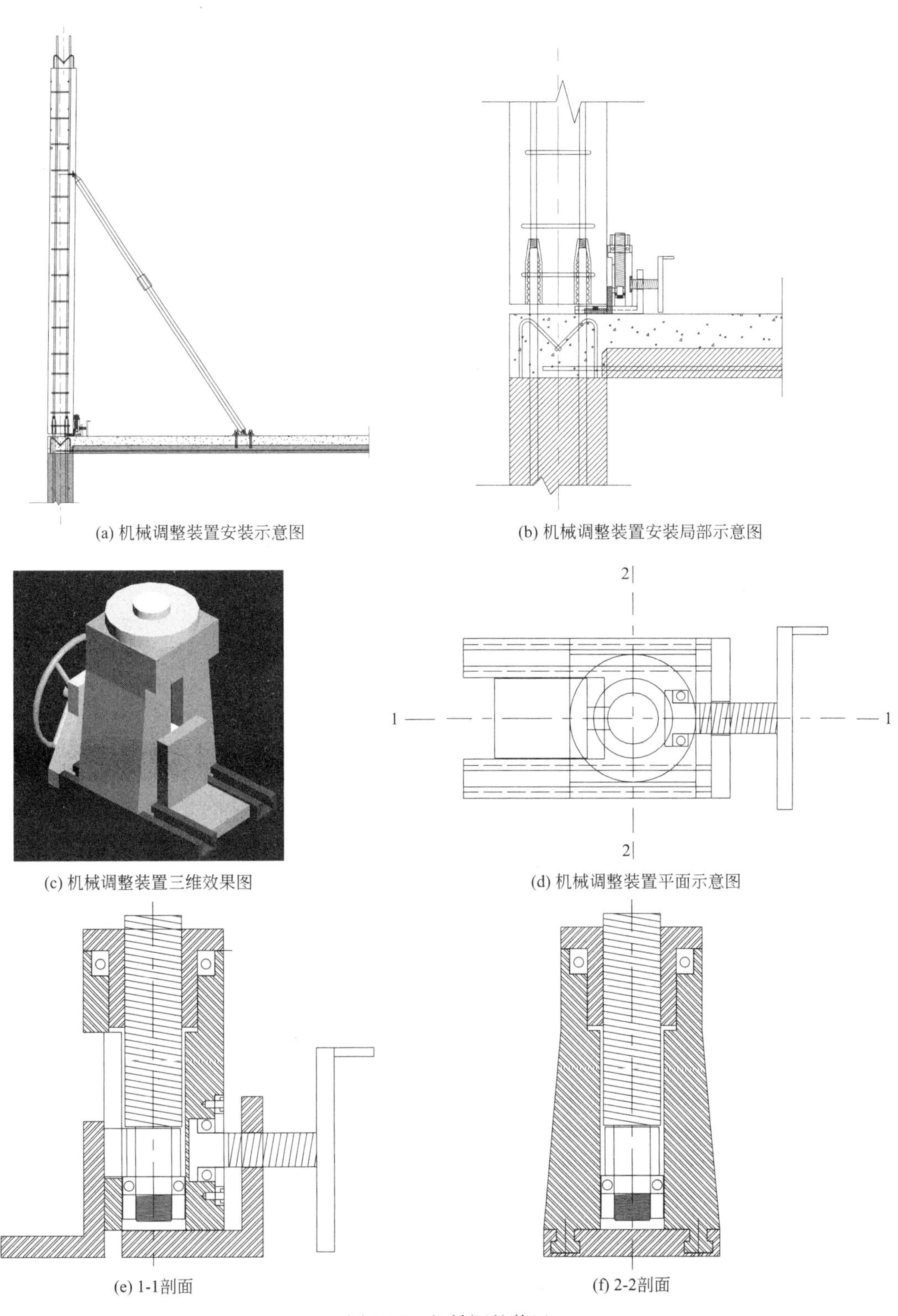

(a) 机械调整装置安装示意图　(b) 机械调整装置安装局部示意图

(c) 机械调整装置三维效果图　(d) 机械调整装置平面示意图

(e) 1-1剖面　(f) 2-2剖面

图 2-12　机械调整装置

壁顶住混凝土的洞壁，与混凝土锚固连接。击杆行程到位后，将销轴穿入外筒及击杆的孔

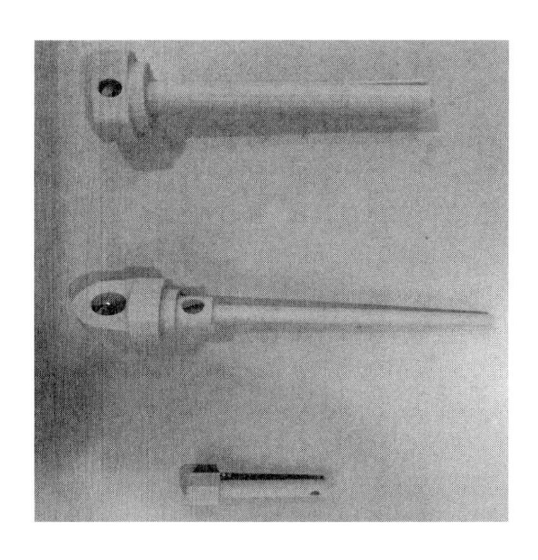

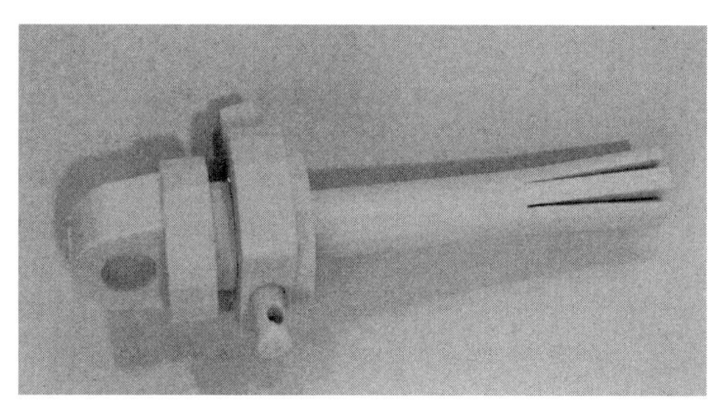

图 2-13　可周转锚固工具 3D 打印模型

洞内，击杆与外筒锁死，以保证击杆不滑动，确保锚具自身的安全（图 2-14）。

连接固定和承力点使用完毕后，先拔出销轴，再用撬棍将击杆往上撬，迫使击杆做反向运动，击杆尾部向上运动。外筒下部的套筒由于自身的弹性回弹复原。可周转新型锚固承重工具的外筒与混凝土孔洞产生间隙。再利用撬棍撬动外筒的上部，将新型锚固承重工具取出洞口（图 2-15）。

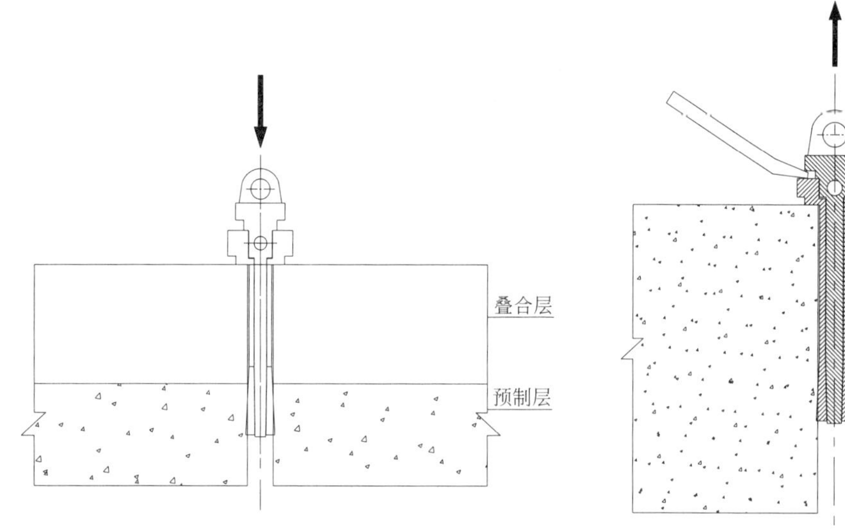

图 2-14　可周转锚固工具工作原理图（安装）

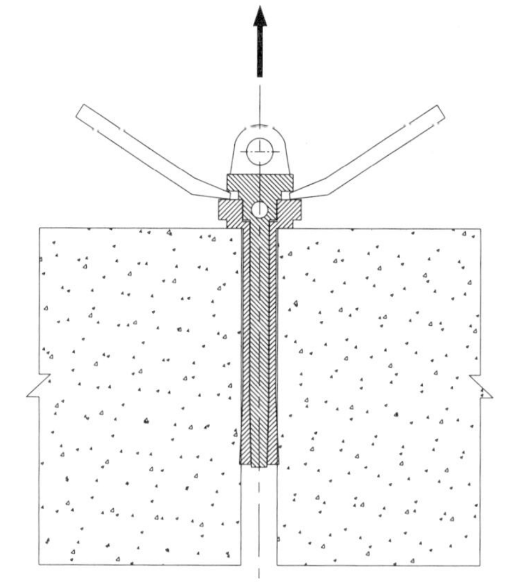

图 2-15　可周转锚固工具工作原理图（取出）

新型可周转锚固承重工具，用于临时固定连接件，可作为临时承力点。在连接固定和承力点使用完毕后，拆除锚固工具，将混凝土洞口封堵，以达到免使用永久预埋件的效果，提高承重工具的周转效率，节约费用。

2.11 七字码

七字码设置于预制墙体底部，主要用于加强预制墙体与主体结构连接固定，初步对预制墙体标高、垂直度和平整度进行调节，确保灌浆和后浇混凝土时墙体不产生位移。每块墙体应安装不少于 2 个七字码，间距不大于 4m。楼面七字码采用膨胀螺栓进行安装。这种安装固定装置可取代底部斜撑系统。

1. 原理

七字码为“L”形，采用槽钢焊接而成。两端通过预留丝扣和预埋件分别与预制墙体和楼板连接。较短一端与墙体固定，长端固定在楼板上。螺栓孔为椭圆形长孔，方便调节位置。使用时，通过调节螺栓在螺栓孔位置来调整预制墙体位置、平整度和垂直度（图 2-16）。

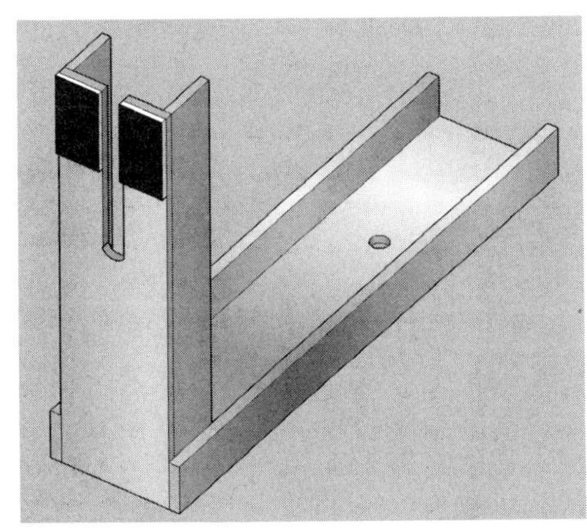

图 2-16 七字码临时固定装置

2. 用途

辅助墙体的落位和墙体的临时固定与初步位置调节。

3. 使用方法

安装七字码前，在叠合板内预埋螺杆，楼板叠合层混凝土浇筑后，将七字码加固在外露的螺杆上，后期将螺杆平板面切割即可，这种方式可避免安装七字码时破坏楼板面。七字码固定完成后，预制墙体吊装过程中七字码可辅助预制墙体的落位，墙体内侧紧靠七字码则表示预制墙体前后方向的定位已准确。预制墙体落位后，待复核完预制墙体标高和垂直度后，将七字码与预制墙体紧固住，可起到临时固定作用，与斜支撑共同构成预制墙体支撑体系。

4. 适用范围

适用于预制剪力墙结构墙体的就位，尤其对于开间较小的预制剪力墙结构施工具有较大优势。

5. 注意事项

七字码安装定位需注意避开预制墙灌浆口与出浆口位置，以免影响灌浆作业。安装时需要对安装处楼面板预制埋管线、钢筋位置、厚度等因素进行综合考虑，避免损坏、打穿、打断楼板预埋管线、钢筋及其他预埋件。

2.12 角码复合调整装置

角码复合调整装置是由七字码、钢板与调整标高用的粗牙螺栓组成，主要分为水平位置调整器与竖向位置调整器。采用钢板或者∟100×10 角钢制作而成，与预制构件面接触面钻 ϕ12 孔，与楼板平行面钻 ϕ16 孔，焊接 M16 粗牙螺帽，配 M16 粗牙螺杆。安装时建议装置间距不应大于 2m。

1. 原理

可通过七字码竖向螺栓的抬升或降低来微调预制构件的标高和平整度。将水平调整连接件与楼面螺栓固定，通过调节与竖向构件相连的螺栓，螺杆顶部顶紧竖向预制构件，通过螺栓与螺母相对运动，从而带动预制构件的前后运动，实现轴线调节的目的。

2. 用途

可采用预制构件安装调整铁块，来实现预制构件的标高调节和水平调节。

3. 使用方法

预制构件制作时，在预制构件底部预埋螺栓套筒。预制构件就位后，将调整铁块的立面用螺栓固定于螺栓套筒内，调整铁块楼面处放置 6mm 厚钢板，与楼板面放置的钢板平行。通过旋转 M16 粗牙螺杆，螺杆顶部顶紧钢板，螺栓与螺母相对运动，从而带动铁块及预制构件的上下运动，实现标高调节的目的。

4. 适用范围

预制剪力墙结构，且标高调整要求较低的剪力墙。

5. 注意事项

调整时应与上部斜杆及水平位置调节器同步进行调整，防止由于粗牙螺栓调整引起墙体较大平面外转动。装置应避免安装在灌浆口与出浆口位置阻碍灌浆（图 2-17）。

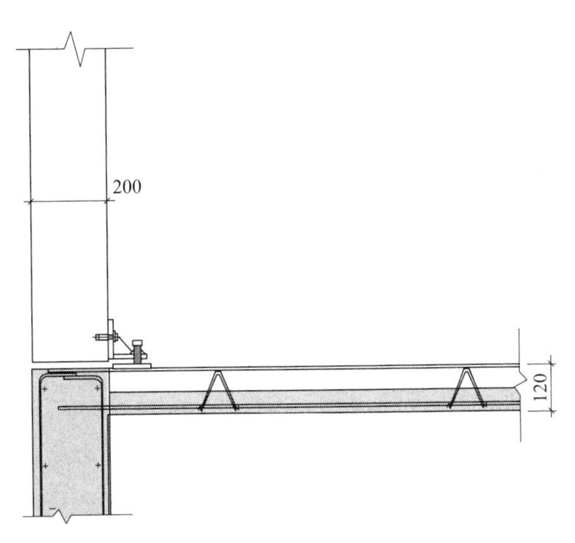

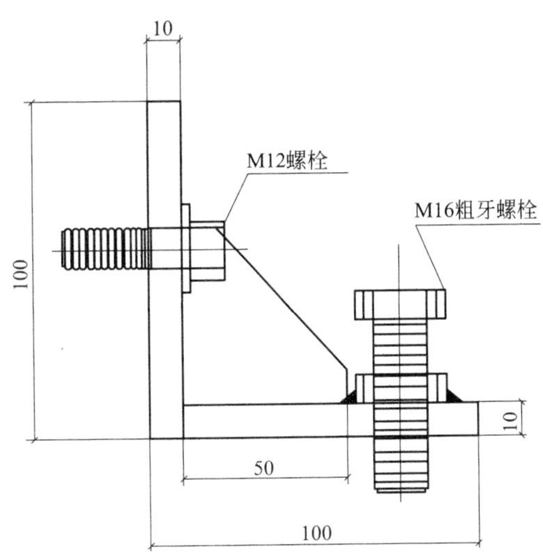

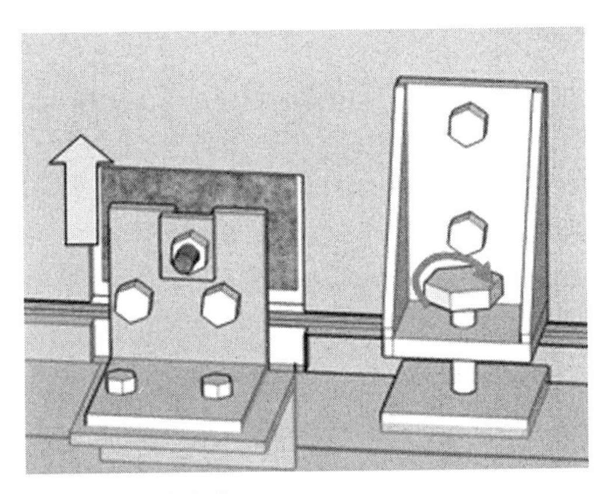

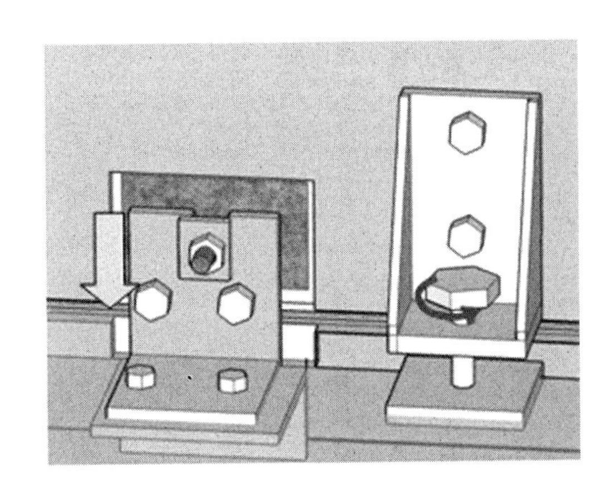

● 标高的调整方法

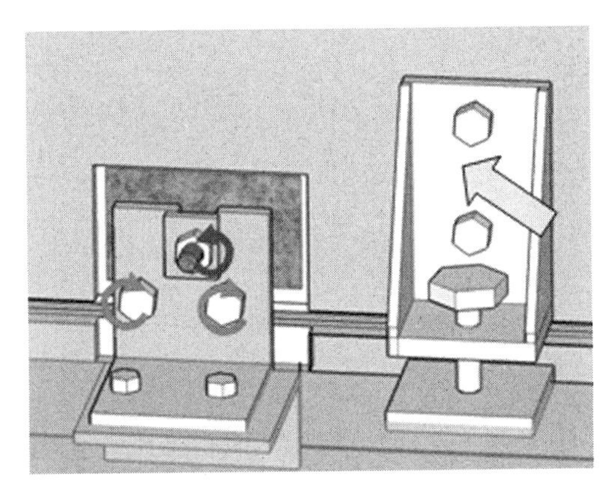

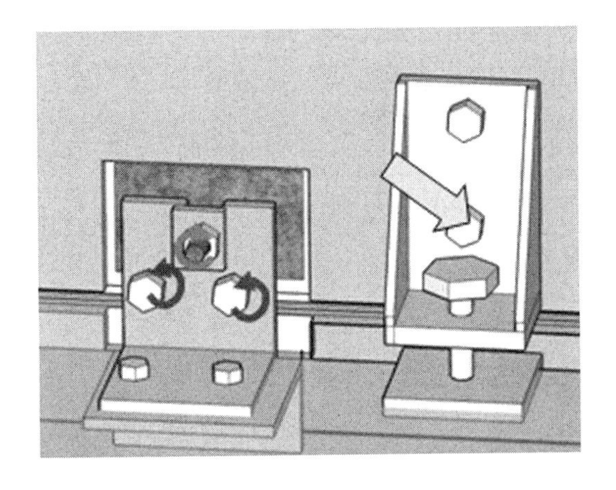

● 墙板的进出调整方法

图 2-17　角码复合调整装置（一）

图 2-17 角码复合调整装置（二）

2.13 工具式灌浆封堵工具

工具式灌浆封堵工具采用 5～8mm 钢板按照一定模数定制，工具一面附着一层 2mm 橡胶，封堵接缝处橡胶厚度为 5mm，每块封堵钢板按间距 250mm 设置对拉螺栓用于固定封堵工具，并保证满足一定灌浆压力。

1. 原理

工具式灌浆封堵工具通过对拉螺栓连接形成密闭的灌浆空间，内部的橡胶垫与外部钢板组合能保证空隙的密闭性与模板刚度，同时能够承担一定灌浆压力。

2. 用途

用于预制结构拼装时接缝处灌浆封堵，防止传统封堵方法跑浆漏浆，也可应用于梁柱节点处封堵。

3. 使用方法

预制构件就位后，将该封堵工具就位在接缝两侧，并用对拉螺栓固定，固定时螺栓施加一定扭矩保证橡胶层完全贴合，保证气密性。灌浆完毕后，达到拆模要求时，可拆卸工具式封堵工具反复利用，螺栓多余长度切割即可。

4. 适用范围

预制剪力墙内墙及非结构防水的剪力墙外墙灌浆封堵。也可用于预制框架结构梁柱节点灌浆封堵（图 2-18）。

5. 注意事项

安装时应保证两侧墙面平整，防止出现空隙，影响灌浆质量。操作时应轻拿轻放，防止变形。在螺栓固定时应先分三级从中间到两端依次固定。

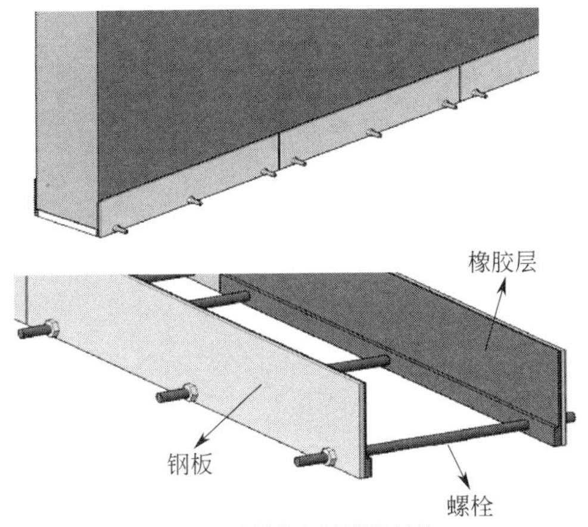

(a) 预制剪力墙灌浆封堵

(b) 预制框架梁柱节点灌浆封堵

图 2-18 工具式灌浆封堵工具

2.14 预制构件安装工具应用注意事项

(1) 预制构件安装工具在使用前，应熟悉其作用原理，熟悉其操作规程，正确使用。工具应轻拿轻放，注意保养。出现故障时，应及时修复或停止使用。

(2) 预制构件安装工具使用时，不得超过其额定起重量。单套或多套工具在使用过程中，应确保安装、就位调节时的安全。应有专人旁站监护。

3 支撑工具系统

3.1 竖向构件支撑体系

目前施工中较为常用的竖向构件（剪力墙结构或框架结构）临时固定安装支撑体系为斜杆支撑工具，临时斜撑系统主要包括：丝杆、螺套、支撑钢管、支座、斜撑托座。斜撑托座分楼面斜撑托座和墙、柱斜撑托座，用来与斜撑钢管连接固定。支撑杆两端焊有内螺纹旋向相反的螺套，中间焊手把；螺套旋合在丝杆无通孔的一端，丝杆端部设有防脱挡板；丝杆与支座耳板以高强螺栓连接；支座底部开有螺栓孔，在预制构件安装时用螺栓将其固定在预制构件的预埋螺母上。

外墙板斜撑角度宜为45°～60°，根据墙体开间大小内墙斜撑角度可为55°～75°。框架结构斜撑角度宜为55°～60°。单片预制剪力墙可设置两根斜杆及墙底三角角码件，或者设置两根长斜杆与两根短斜杆，两种支撑方法均能实现施工便捷、快速安装的目的。预制墙板构件的临时支撑不宜少于2道，每道可由上部长斜杆与下部短斜杆组成（图3-1）。

图3-1 斜向工具式支撑系统（一）

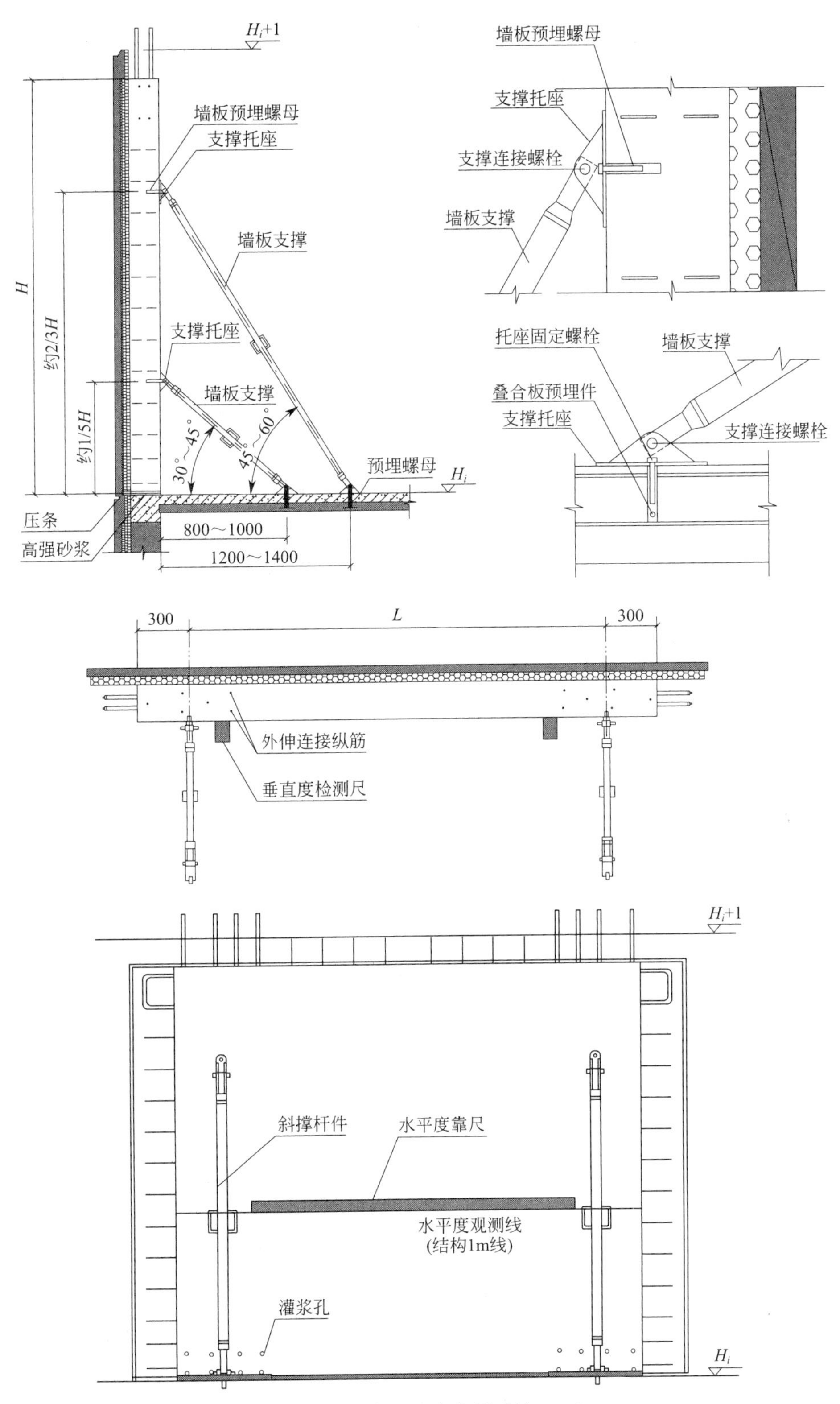

图 3-1 斜向工具式支撑系统（二）

1. 原理

通过旋转把手带动支撑杆转动，上丝杆与下丝杆随着支撑杆的转动同时拉近或伸长，达到调节支撑长度的目的，进而调整预制竖向构件的垂直度和位移，满足预制构件安装施工的需要。

2. 用途

对竖向预制构件进行临时固定，以及对预制构件的垂直度进行调整。

3. 使用方法与安装关键技术

(1) 垂直墙方向矫正：利用斜撑或三角角码件对墙板根部进行微调来控制垂直墙板方向的位置。

(2) 平行墙板方向矫正：墙板按照位置线就位后，若有偏差需要调节，可利用小型千斤顶在墙板侧面进行微调。

(3) 墙板垂直度校正措施：利用斜支撑对墙顶部的水平位移进行微调来控制其垂直度；上部斜支撑的支撑点距离板底不宜小于板高的 2/3，且不应小于板高的 1/2，具体根据设计给定的支撑点确定。

(4) 支撑安装时保证楼板混凝土强度至少达到 C10 混凝土的强度，楼板养护时间≥2d，以满足支撑的受力要求。

(5) 临时支撑必须在完成套筒灌浆施工及叠合板后浇混凝土施工完毕，并经检查确认无误后，方可拆除。

(6) 预制构件的临时支撑不宜少于 2 道。

4. 适用范围

可预制剪力墙结构、预制框架结构竖向构件临时固定。对于内墙可根据开间的大小、连接件的强度、施工水平荷载等因素确定支设角度，最大角度不超过 75°。

3.2 水平构件支撑体系

目前工程中较为常见的水平构件支撑体系包括：三角独立支撑、盘扣式脚手支撑、工具式钢管立柱及钢桁架支撑。三角独立支撑具有结构科学新颖，能够通过一根钢支撑选用不同插销孔来满足不同的支撑高度需求。水平构件支撑体系主要包括早拆柱头、插管、套管、插销、调节螺母及摇杆等部件。套管底部焊接底板，底板上留有定位的 4 个螺丝孔；套管上部焊接外螺纹，在外螺纹表面套上带有内螺纹的调节螺母；插管上套插销后插入套管内，插管上配有插销孔，插管上部焊有中心开孔的顶板；早拆柱头由上部焊有 U 形板的丝杆、早拆托座、早拆螺母等部件组成；早拆柱头的丝杆坐于插管顶板中心孔中（图 3-2）。

1. 原理

通过选择合适的销孔插入插销，再用调节螺母来微调高度便可达到所需求的支撑高度。通过调节早拆螺母来改变早拆托座的高度，从而实现主次龙骨的升降及模板的早拆。

2. 用途

三角独立支撑主要作为叠合梁、叠合板、预制楼梯、预制阳台等水平构件的竖向支撑体系。

3. 使用方法与安装关键技术

使用时将可调钢支柱按要求垂直立于地面支撑点，再将三角支架扣在钢支柱上，调整各个角的位置，使钢支柱垂直。然后通过可调钢支柱上的调节工具调整钢支柱的高度，使其达到设计标高，将可调钢支柱高度锁死，即可完成三角独立支撑安装。常温施工时按照满支 1 层保留 2 层的原则进行支撑配制。依据叠合楼板的规格，通过计算分析确定相应楼板支撑点的个数。安装楼板前调整支撑标高与两侧墙预留标高一致。待一层叠合楼板结构施工完后，当现浇混凝土强度≥50% 设计强度时拆除大部分支柱、主次龙骨及面板；当现浇混凝土强度≥70% 设计强度时，再拆除保留支柱及模板条。其关键技术如下：

（1）叠合楼板的预制底板安装时，可采用钢管独立支撑，钢管独立支撑应进行设计计算。

（2）宜选用可调整标高的定型钢管独立支撑，钢支撑的顶面应符合设计要求。

（3）应准确控制预制底板搁置面的标高；钢支撑的顶部铺放 100mm×100mm 方木条，支撑预制叠合楼板。

（4）叠合板支撑体系搭设完毕之后，采用水准仪对叠合板四个角点以及中间点标高进行抄测，根据测量数据调整支撑体系标高。

（5）叠合构件的后浇混凝土同条件立方体抗压强度达到设计要求后，方可拆除下一层支撑。对于叠合板与预制梁结构，跨度不大于 8m 时，混凝土强度应达到设计值的 75%，超过 8m 时，混凝土强度应达到设计值的 100%，方可拆除支撑；对于悬挑结构，混凝土强度应到达设计值的 100%后方可拆除支撑。

（6）临时支撑的间距及其与强、柱、梁边的净距应经设计计算确定，竖向连接支撑层数不宜少于 2 层且上下层支撑宜对准。

（7）首层支撑架体的地基应平整坚实，宜采取硬化措施。

（8）叠合板预制底板下部支架宜选用定型独立钢支柱，竖向支撑间距应经计算确定。

4. 适用范围

预制剪力墙结构、预制框架结构的叠合楼板的临时支撑。但层高高于 3.5m 时不建议使用。

表 3-1 为不同型号材料的独立支撑关键技术指标。

不同型号材料的独立支撑关键技术指标 表 3-1

型号	外管（mm）	内管（mm）	最大长度（mm）	最小长度（mm）	可调长度（mm）	螺母升程（mm）	理论重量（kg）	安全荷载（kN）	
								最大长度时	最小长度时
Ⅰ	ϕ60×3	ϕ48×3	3000	1800	1200	120	16.7	26	48
			3600	2200	1400	120	20	18	46
			4100	3000	1100	120	22.8	14	26
Ⅱ	ϕ60×3.5	ϕ48×3.5	3000	1800	1200	120	18	30	50
			3600	2200	1400	120	22	21	50
			4100	3000	1100	120	25	16	30

续表

型号	外管（mm）	内管（mm）	最大长度（mm）	最小长度（mm）	可调长度（mm）	螺母升程（mm）	理论重量（kg）	安全荷载（kN）	
								最大长度时	最小长度时
Ⅲ	ϕ76×3.5	ϕ60×3.5	3000	1800	1200	120	22	50	50
			3600	2200	1400	120	25	42	50
			4100	3000	1100	120	28	33	50
			4500 4800	3000	1800	120	33	28 25	50

注：Ⅰ型、Ⅱ型材料螺母段采用无缝钢管，其他部分采用焊接钢管；Ⅲ型材料全采用无缝钢管。

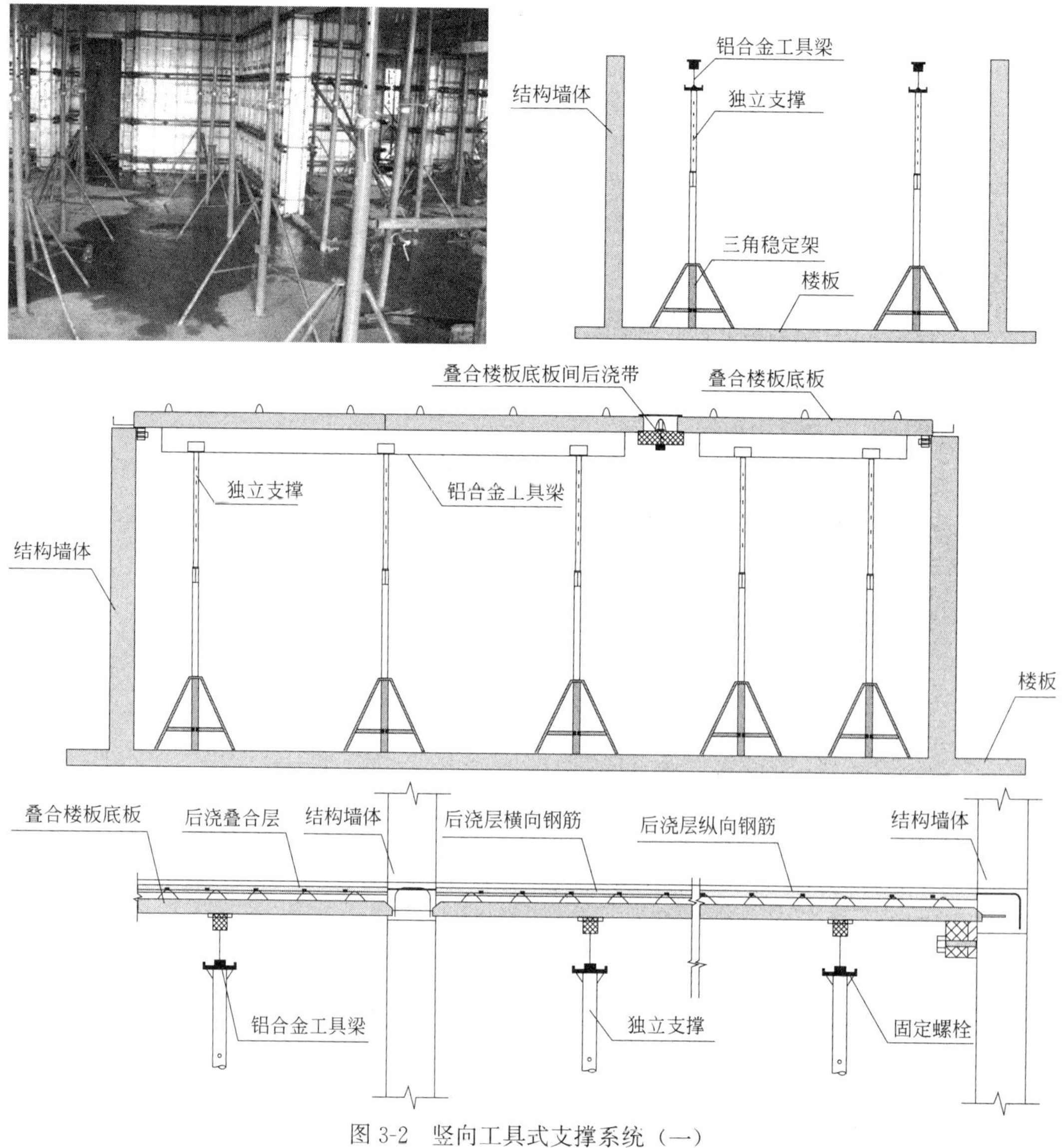

图 3-2　竖向工具式支撑系统（一）

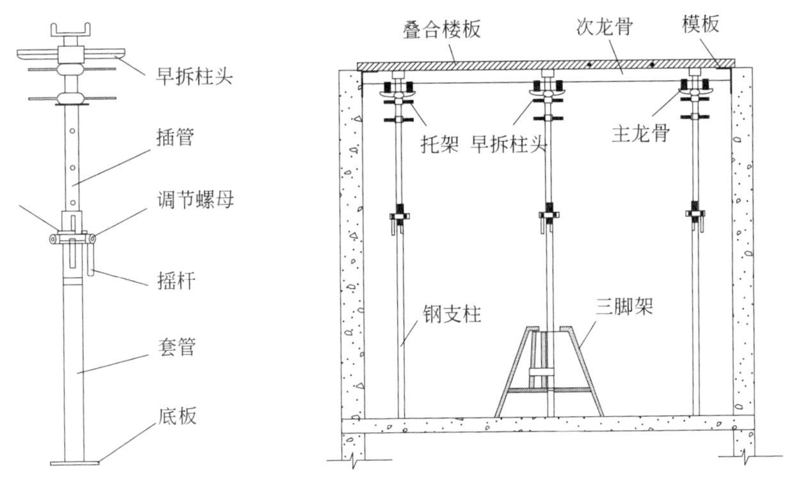

图 3-2 竖向工具式支撑系统（二）

3.3 高支模盘扣式钢管脚手架支撑

对于层高较高的建筑，采用独立支撑承载力可能达不到要求，这样高支模承插型盘扣式脚手架支撑系统将能发挥其优势，作为目前新兴的脚手架体系，由于其具有技术先进、安全受控、施工效率高、节约成本等优势，已经在越来越多的工程中被采用，也是今后脚手架发展的趋势，可适用于层高大于 3.5m 的结构安装（图 3-3）。

1. 构造

包括可调底座、基础立杆、立杆、水平杆、斜拉杆、可调托撑及工字铝梁。立杆采用直径 60mm、壁厚 3.2mm 钢管做主构件，插座为直径 135mm、厚 10mm 的圆盘，圆盘上开设 8 个孔，设有水平杆与斜杆连接孔。

2. 用途

用于层高大于 3.5mm 的框架或剪力墙结构水平构件的临时支撑。

3. 布置关键技术

（1）对接立杆：每根对接立杆上焊接一个花盘，可以连接横杆。根据主体结构高度选用对接立杆（LG-500mm、1000mm、2000mm）。

（2）横杆：横杆是在不同长度钢管上焊接了两个插头连接立杆的水平杆。根据承受荷载重量选用横杆（600mm、900mm、1200mm、1500mm）。

（3）主龙骨：一般采用 185mm 工字铝梁摆放在立杆顶托架上，用顶托调整梁板的使用高度。

（4）次龙骨：一般采用 50mm×70mm 方钢，壁厚为 4mm。

（5）模板：根据现场的实际情况，一般采用 15mm 厚、1200mm×2400mm 的胶合板。

4. 适用范围

适用于层高大于 3.5m 的装配式建筑。

图 3-3 高支模盘扣式钢管脚手架支撑

3.4 钢桁架支撑体系

钢桁架支撑体系主要包括：钢桁架梁、可拆式水平支撑、可监控式液压系统、双槽钢立柱及用于连接立柱与竖向预制构件（预制剪力墙或预制柱）的可调式螺栓。立柱可采用2根10号或12号槽钢焊接在钢支座上，桁架为可拆卸铰接桁架，桁架弦杆直径20mm，斜杆直径15mm（图3-4）。

1. 原理

双槽钢立柱固定在楼面，通过连接立柱与竖向预制构件上下可调式水平螺栓临时固定竖向构件，并对竖向预制构件进行垂直度调节，放置可监控式液压千斤顶搭设桁架系统，通过千斤顶进行桁架水平调节，满足要求后，放置预制板，形成竖向、水平构件一体式临时支撑体系。

2. 用途

用于大跨框架结构或剪力墙结构竖向构件与水平构件的临时支撑。

3. 安装关键技术

（1）在楼面用预埋螺栓固定带有液压系统装置的立柱，调整液压系统至标高位置。

（2）吊装预制剪力墙或预制柱就位，用临时角码固定装置固定；并将可调螺杆连接在预制墙或柱预留的螺栓孔中，进行固定，并进行垂直度及位置校正。

（3）吊装钢桁架至液压装置顶部，调整标高，若计算稳定性不满足可设置横杆。

（4）当水平构件后浇混凝土达到拆模强度时可拆除反复利用。

4. 适用范围

适用于跨度大于 8m 的预制框架结构或剪力墙结构。

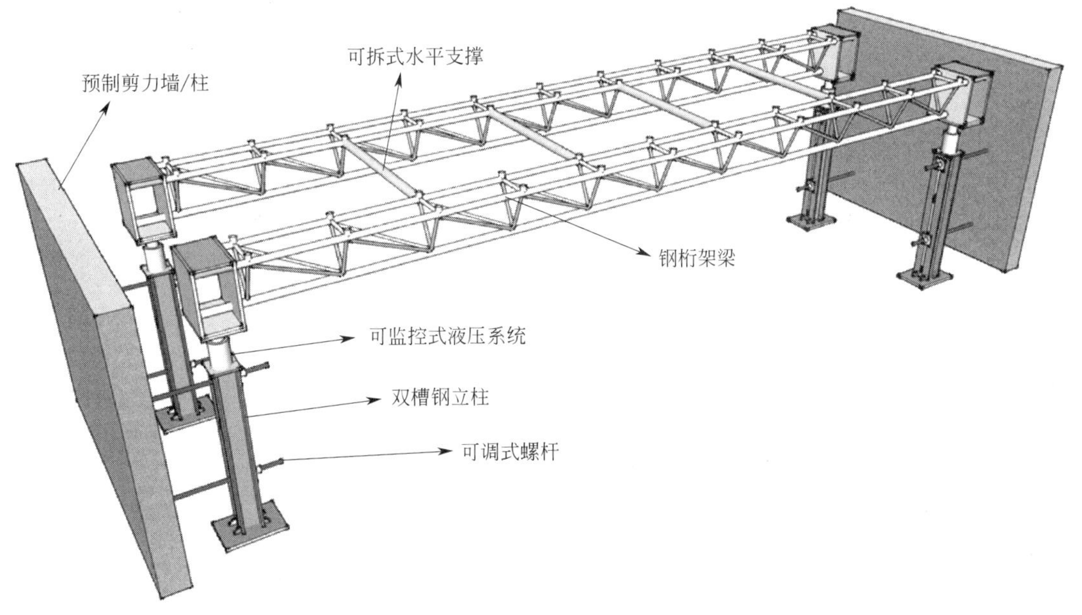

图 3-4 钢桁架支撑体系

3.5 水平构件临时支撑早拆体系

以往的装配式建筑施工工程中，叠合梁板的临时支撑体系为独立支撑上架设长条木枋或钢梁，此种支撑形式在进行多层回顶时，木枋或钢梁难以进行周转，不利于资源合理利用。因此在原有支撑体系基础上深化设计，研发了一种叠合梁板临时支撑早拆系统。

此支撑系统顶部的水平钢梁由免拆头与早拆钢梁组成，钢梁采用模数化制作。安装时将免拆头插入独立立杆顶部，并通过夹板与早拆钢梁连接成整体，然后调节钢梁顶面标高至叠合梁板底标高，并可根据叠合梁板的尺寸调整钢梁的数量（图 3-5）。

拆除支撑时先拆除早拆钢梁周转至上层使用，免拆头暂不拆除，待混凝土达到强度要求时再进行完全拆除。水平构件采用此支撑体系避免了现场材料堆积，提高了支撑材料的使用率并节约了物资成本。

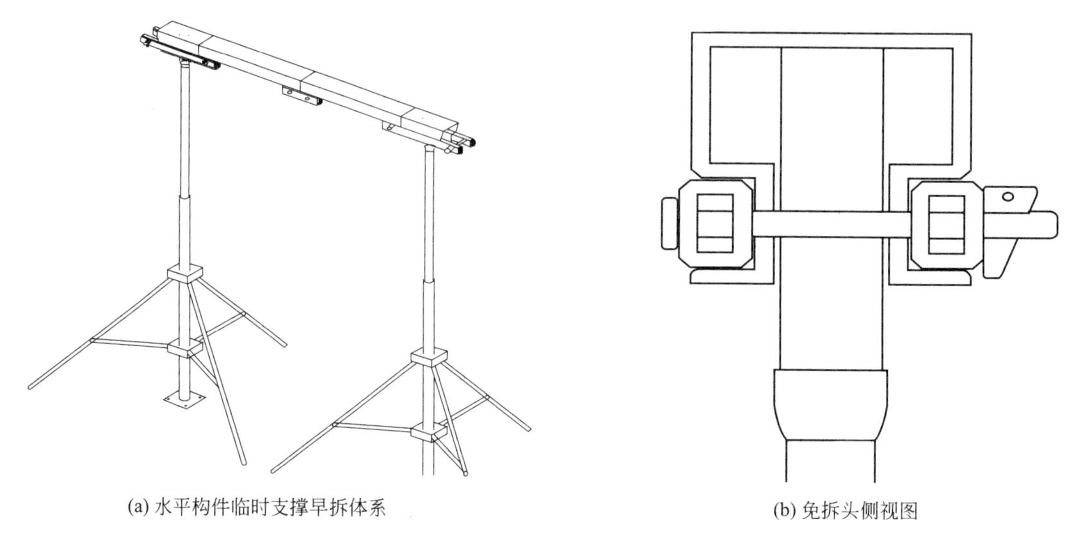

(a) 水平构件临时支撑早拆体系　　(b) 免拆头侧视图

图 3-5　水平构件临时支撑早拆体系

3.6　预制框架梁支撑调整装置

此支撑调整装置用于预制框架结构的混凝土预制梁安装。

支撑调整装置由支撑钢板、调节螺杆（正、反丝）、螺纹套筒、不等边角钢、固定螺栓及螺母组成。支撑调整装置的调节螺杆（正、反丝）分别与上部钢板及下部角钢焊接固定。

在预制柱上预埋螺栓套筒。预制柱安装就位后，将固定螺栓拧入螺栓套筒内，再将支撑调整装置用螺母固定于预制柱上。将预制梁吊装就位于相应位置，两端分别支撑于支撑调整装置上。通过扭转支撑调整装置的螺纹套筒，螺杆伸长或缩短，带动预制梁上升或下降，实现预制梁的标高调整。待预制梁与预制柱及楼板正式固定及达到强度后，扭转螺纹套筒，使顶部支撑钢板与预制梁分离，拆除支撑调整装置，周转至下一层使用（图 3-6）。

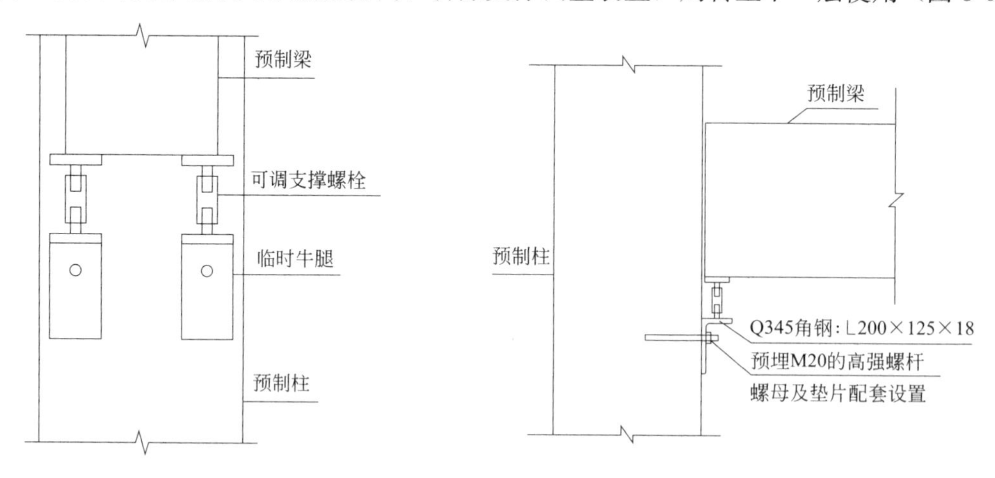

(a) 预制框架梁临时支撑正立面示意图　　(b) 预制混凝土梁临时支撑侧立面示意图

图 3-6　预制框架梁支撑调整装置（一）

(c) 预制框架梁支撑调整装置现场实例1

(d) 预制框架梁支撑调整装置现场实例2

图 3-6 预制框架梁支撑调整装置（二）

3.7 可调式免竖向支撑工具

对于框架与剪力墙结构可采用在柱或墙上安置预制梁托座或者预制板托座来实现水平构件免支撑的安装方法，此方法安、拆方便，但对于较大跨度或较重构件应配置三角独立支撑，保证结构安装过程中的安全（图 3-7）。

图 3-7 可调式免竖向支撑工具

1. 原理

通过固定在竖向构件的预制梁/板托形成临时支座支撑水平预制构件，并通过丝杆调节预制板的水平。

2. 用途

用于预制梁或预制板的安装时的临时支撑。

3. 安装关键技术

（1）在吊装前将托座固定在柱顶或墙顶和预制梁指定标高处，按照构件先预制柱/墙，再预制梁，然后预制板的顺序吊装。

（2）托座上设置椭圆形竖孔的支撑，通过竖孔可方便调节标高，安装就位后采用螺栓将托座固定。而设置可调节丝杆的支撑，通过调节丝杆高度来调节标高。

（3）完成预制构件安装，可根据构件及施工荷载临时增设下部支撑。

（4）结构楼面整浇层施工完成后并养护至达到拆模强度可拆除托座，并循环使用。

（5）支撑预制板的托座间距不宜大于 1m，同时应验算托座及其连接螺栓的承载力。

4. 适用范围

预制剪力墙结构、预制框架结构预制楼板与预制梁等水平构件的临时支撑，对于跨度较大水平预制构件可与竖向支撑系统混合使用。

3.8 一体化支撑工具

一体化支撑工具将竖向构件的临时固定装置集成在水平构件的支撑装置上，实现临时固定、节约施工空间、提高施工效率（图 3-8）。

1. 原理

由竖向轮扣式工具式支撑与可调节横杆组成，并设有早拆接头。

2. 用途

用于预制剪力墙结构体系，一般用于内墙结构，可与独立支撑混合使用。

3. 安装关键技术

预制墙板吊装就位时，将竖向轮扣式工具式支撑固定在楼板上，底部与预埋件固定，然后将水平横杆安装在预制墙板与支撑之间，调节工具横杆使墙体垂直，另外为保持稳

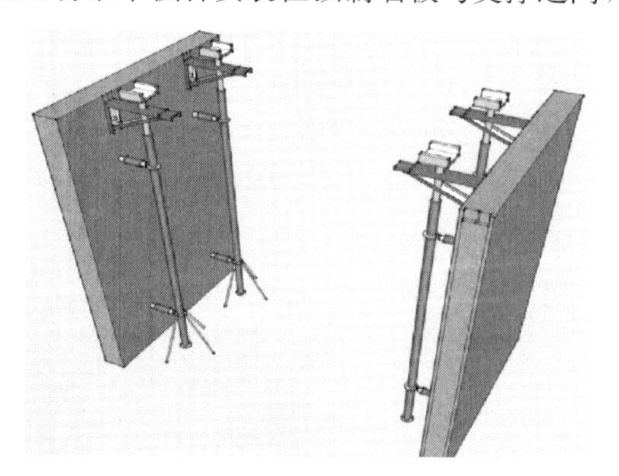

图 3-8　一体式支撑系统（一）

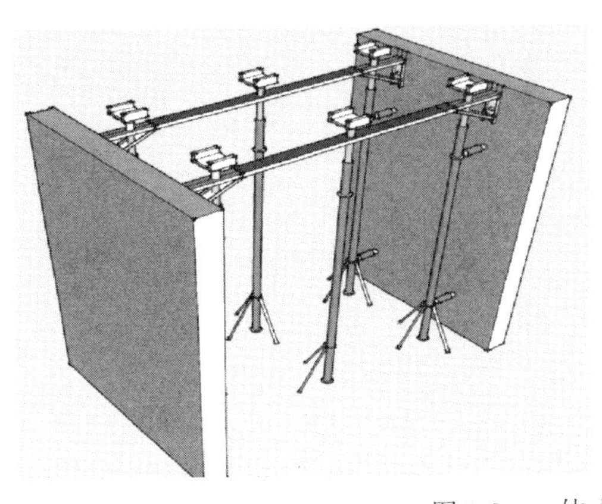
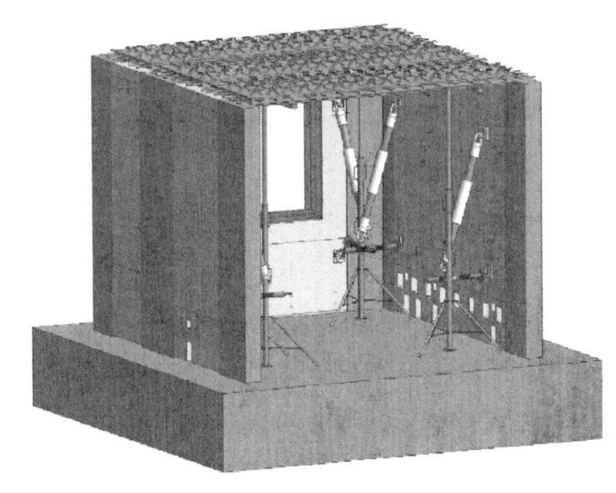

图 3-8 一体式支撑系统（二）

定，上部固定位置竖向支撑之间应设置一道横杆。

4. 适用范围

适用于水平荷载较小，跨度较小的剪力墙结构，一般可用于预制剪力墙体系内墙安装。

3.9 预制构件支撑工具注意事项

装配式混凝土结构的支撑应根据施工过程中的各种工况进行设计，应具有足够的承载力、刚度，并保证其整体稳固性。浇筑叠合层混凝土时，预制底板上部应避免集中堆载。

1. 竖向构件支撑安装注意事项

（1）根据现场施工情况现对重量过重或悬挑构件采用 2 组水平连接两头设置和 3 组可调节螺杆均布设置，确保施工安全。

（2）混凝土强度达到拆模强度方可拆除支撑。

（3）应注意支撑的杆件的保护，防止变形或锈蚀，以免影响施工质量和安装。

2. 水平构件支撑安装注意事项

（1）支模注意事项：①支柱位置要正确，上下层支柱位置对应准确，支柱底部地面应保证平整。②龙骨要支撑平稳，两根龙骨悬臂搭接时，要用钢管、扣件及 U 形托支顶悬臂端。③铺设模板前要将龙骨调平到设计标高，早拆装置的支撑顶板与混凝土模板支顶到位，目测不可有空隙，确保早拆装置受力的二次转换，保证拆模后楼板平整。④从一侧到另一侧，或从中间向两侧铺设模板时，早拆柱头顶板标高随铺设随调平，不能模板铺设完后再调标高。

（2）拆模注意事项：①模板、龙骨第一次拆除具备条件为：首先，混凝土强度达到 10MPa（同条件试块试压数据）；其次，上一层墙模板已拆除并运走后，才能拆除其模板、龙骨（保留支柱除外）。②常温施工现浇钢筋混凝土楼板第一次拆模时间不宜早于混凝土初凝后 3d。③保留的支柱及早拆装置，待结构混凝土强度达到设计强度时再进行第二次拆除。地面抗滑性能应符合设计和相关规范要求，地面抗滑系数≥0.5。

4 安全防护工具

4.1 附着式升降脚手架

附着式升降脚手架是搭设一定高度并附着于工程结构上，依靠自身的升降设备和装置，可随工程结构逐层爬升或下降，具有防倾覆、防坠落装置的外脚手架。具有施工速度快、安全性好、节约材料与成本等优点。这种新型脚手架主要由导轨主框架、水平支承桁架、架体构架、导座与PC附着件等组成。

1. 导轨主框架

导轨主框架是附着式升降脚手架最主要组成部分，垂直于建筑物外立面，并与附着支承结构连接，是主要承受和传递竖向和水平荷载的竖向框架（图4-1）。

2. 水平支承桁架

水平支承桁架宽度与主框架相同，平行于墙面，高度不宜小于1.8m，最底层设置脚手板，与建筑物之间宜设置可翻转的密封翻版，板下用安全网兜底，是主要承受架体竖向荷载，并将竖向荷载传递至竖向主框架的水平支承结构。

3. 架体构架

在相邻两主框架之间和水平支承桁架之上的架体。

（1）立杆：设置在水平支承桁架的节点上。

（2）纵向水平杆、横向水平杆。

（3）剪刀撑：连续设置，水平夹角45°～60°，与立杆或横向水平杆伸出端扣紧。

（4）密目网：2000目/100cm^2。

（5）作业层设1.2m防护栏和18cm高挡脚板。

4. 用途

用于外墙安装、装饰等施工操作。

5. 使用方法

导座式外爬升脚手架在主体施工时，应及时做好穿墙螺杆、预埋件的预留工作，预留预埋件共有以下两种：预埋专用预埋件和预埋塑料管。然后组装水平支撑架，当水平支承框架组装一部分后，接着吊装导轨主框架，起吊时要合理选择吊点，以使其能垂直升降。导轨主框架按设计位置与水平支承框架相连。导轨主框架吊装、固定后，把附墙固定导向座套在导轨上移至将要安装的位置，临时固定，并校正导轨主框架两个方面的垂直度，安装临时拉结。随着主体工程的施工进度，安装其余附墙固定导向座，逐跨组装立杆、大小横杆，铺脚手板，挂安全网，先搭设二步（或三步）架体供主体施工使用。架体搭设随着主体的上升而逐步向上搭设，始终保证超过操作层一步架（图4-2）。

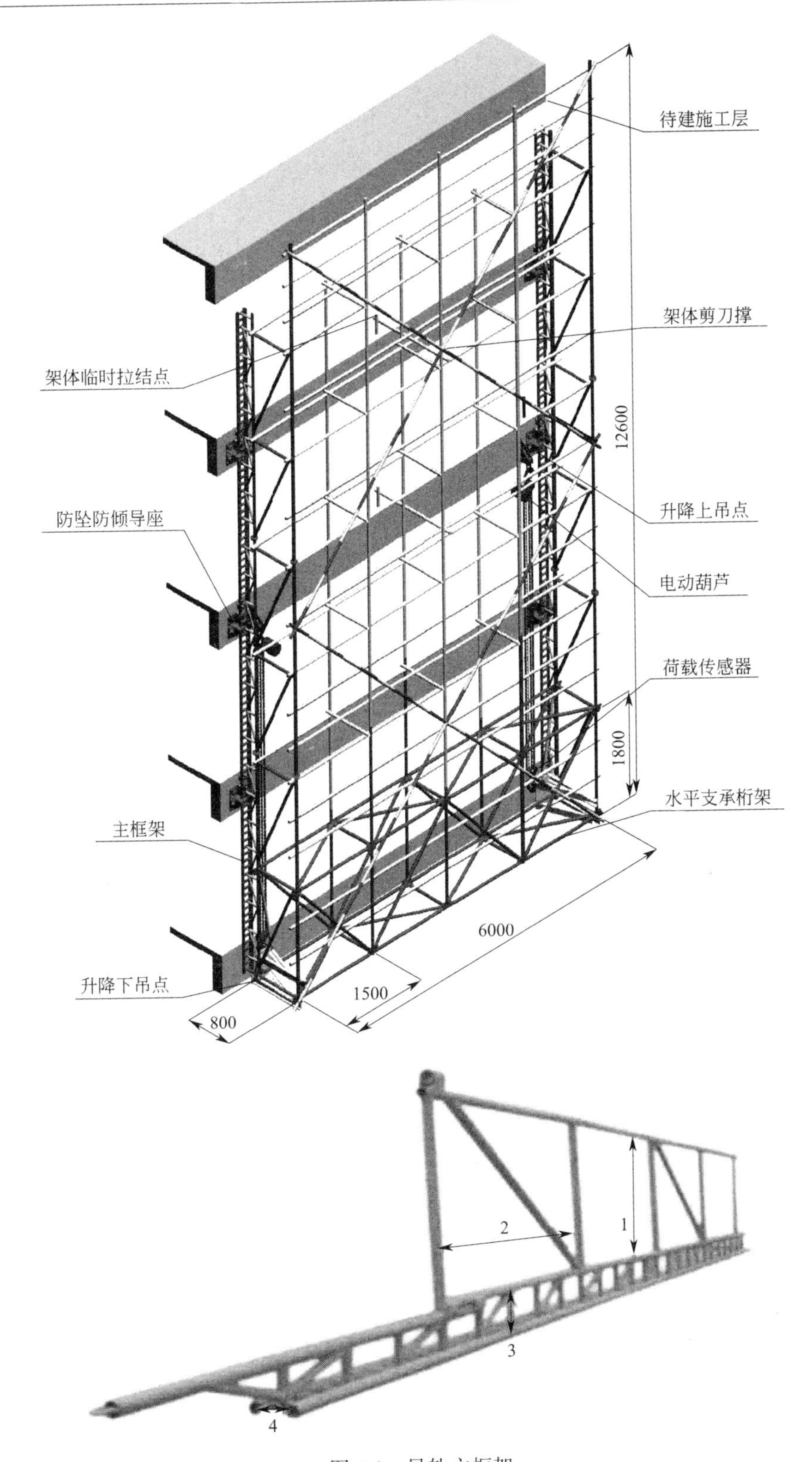

图 4-1　导轨主框架

1—900mm；2—1900mm；3—200mm；4—140mm

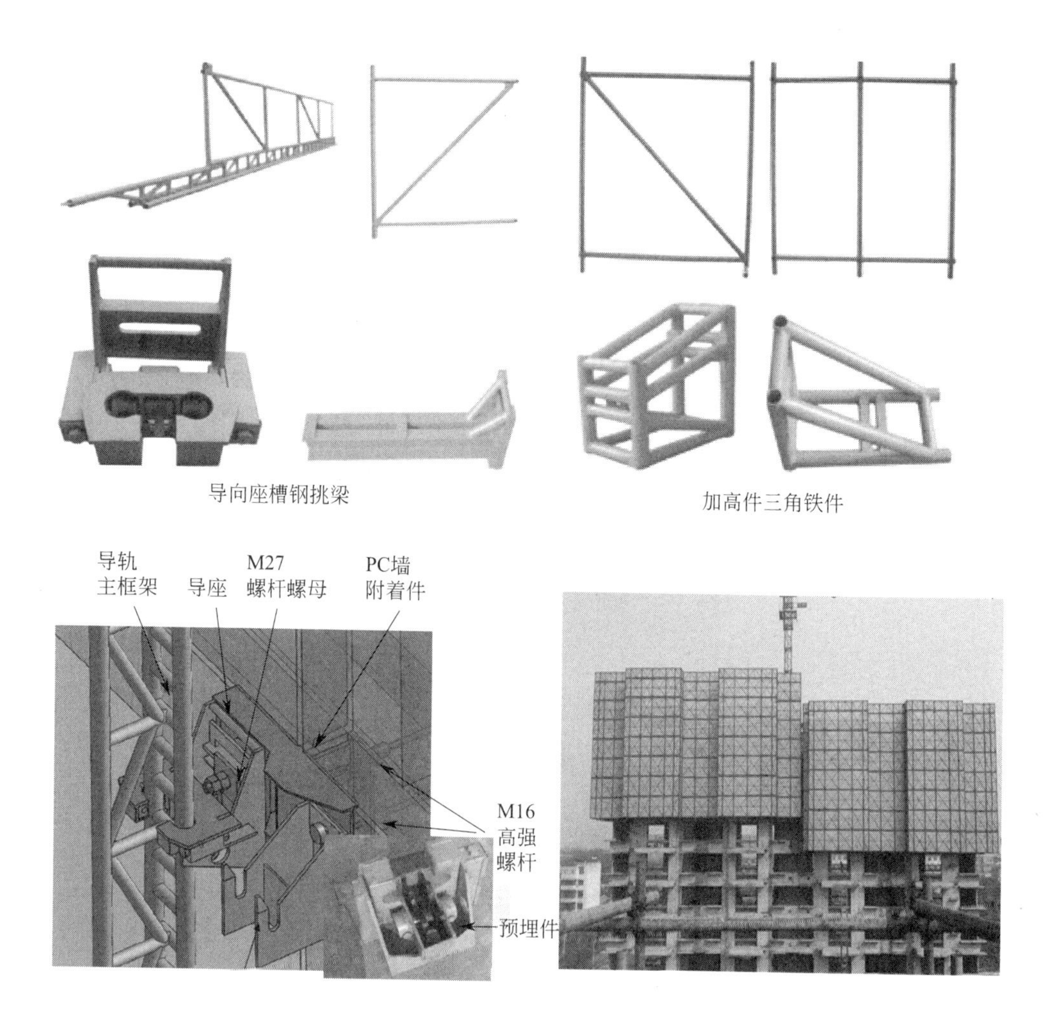

图 4-2　附着式爬升脚手架

相关要求如下：

（1）架体最底层杆件轴线至架体最上层横杆（即护栏）轴线间的距离不得大于 5 倍的层高。

（2）架体宽度即架体内外排立杆轴线之间水平距离，不得大于 1.2m。

（3）两相邻竖向导座主框架之间的支撑距离直线布置时不得大于 7m，曲线或折线布置时（如建筑物墙角处）不得大于 5.4m。

（4）架体的附着支撑结构中最高一个支撑点以上架体悬臂高度不得大于架体高度的 2/5，且不得大于 6m。

（5）架体竖向主框架中心轴线至架体端部立面之间的水平距离不得大于 2m，且不得大于跨度的 1/2。

（6）脚手架出墙面悬挑长度应小于 1.05m，在楼层的锚固长度应不小于悬挑长度的 1.25 倍。

具体施工流程如图 4-3 所示。

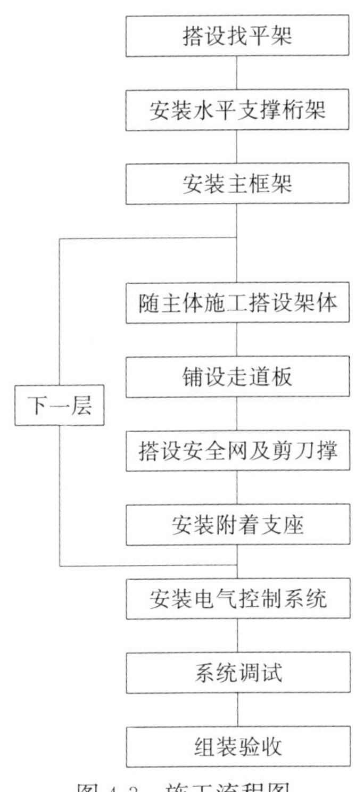

图 4-3 施工流程图

拆除应遵循以下原则：

（1）先拆上后拆下，严禁上下同时拆。

（2）先拆外后拆内，严禁内外同时拆。

（3）先拆钢管后拆爬架升降设备。

（4）先拆两提升点中间后拆提升点。

6. 适用范围

附着式升降脚手架，适合高层建筑或超高层建筑施工。

7. 特殊部位架体处理措施

（1）架体提升到位后临时拉结措施

在架体提升状态下，必须满足两个附着支座，架体提升到位后必须满足三个附着支座，在架体提升过程中，最底部支座能脱出时，将最底部支座移至上部，满足架体保证三个附着支座，在提升完成后，架体上部悬臂部位，需与结构进行临时拉结，在上部顶板预埋 $\phi48$ 钢管（钢管头离结构边缘 1.2～1.5m，横向间距不大于 6m），与架体上部悬臂部分架体进行拉结处理，以保证架体的稳定性。如图 4-4 所示。

（2）塔式起重机附臂处升降工艺

升降架在塔式起重机附臂处的跨中采用短钢管连接，当塔式起重机附臂穿过架体底部时，考虑到架体下部悬挑过大，用 4 根钢丝绳分别斜拉到该跨中的 4 根立杆与相邻的导轨上。当升降架通过塔式起重机附臂时，每次只能拆除一步架（包括剪刀撑），当升降架通过一步架后，立即恢复已拆架体（包括剪刀撑），恢复好后马上拆除通过方向上的下一步架，升降完毕后再恢复架体。注意以下两点：在塔式起重机附臂处的一跨架体上，必须在内外排架体搭设之字形斜撑；当拆除最底部架体时，必须将该处架体垃圾清理干净，操作

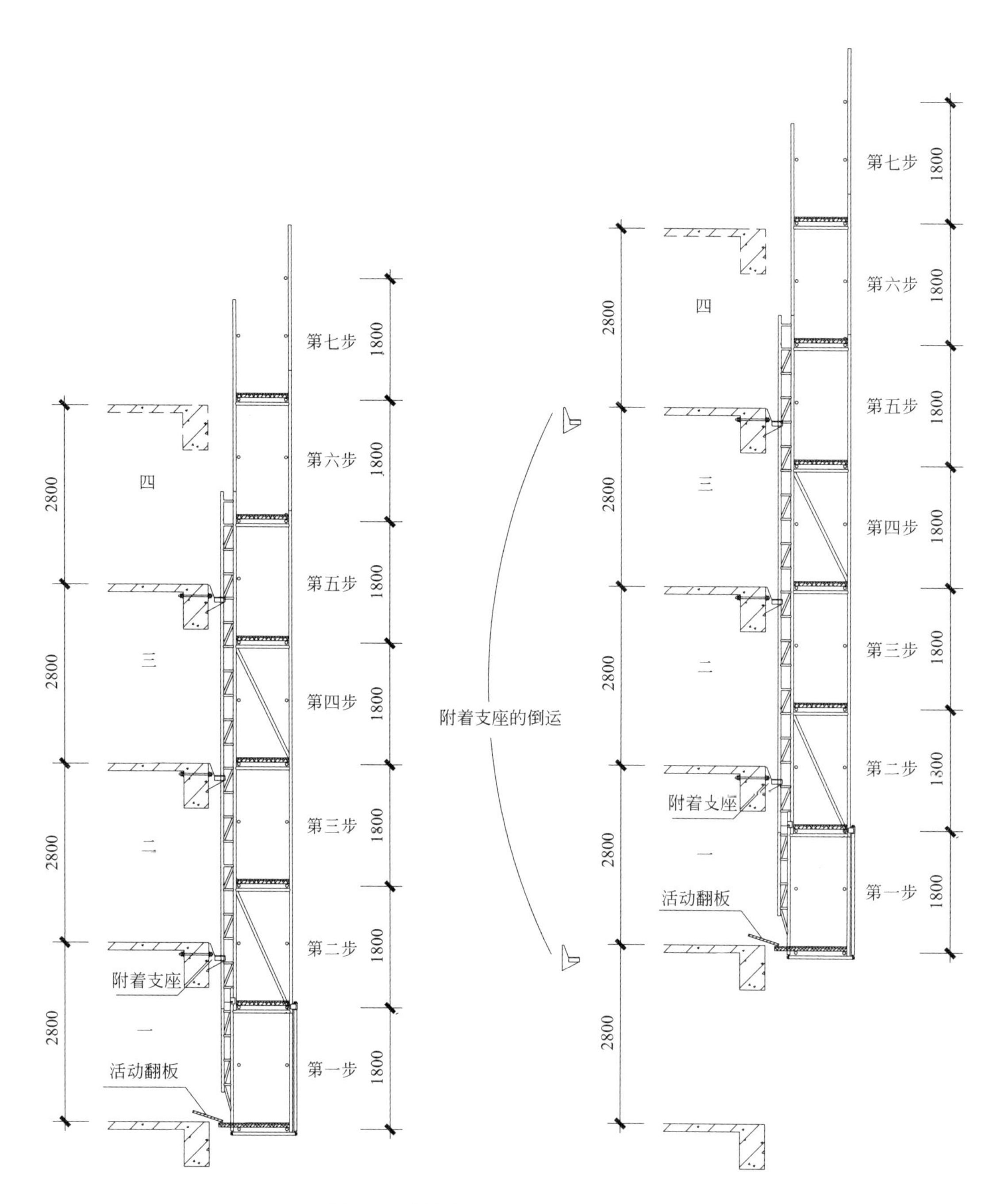

图 4-4　附着式爬升脚手架爬升流程图

人员必须系好安全带（图 4-5）。

（3）卸料平台

架体上禁止采用脚手管直接搭设卸料平台，料台应独立搭设，使用过程中与升降架分离，并与建筑主体可靠稳固连接。工程料台不穿过架体，如果遇到料台穿过架体的特殊情况，将架体下部断开，形成门洞，如图 4-6 所示。

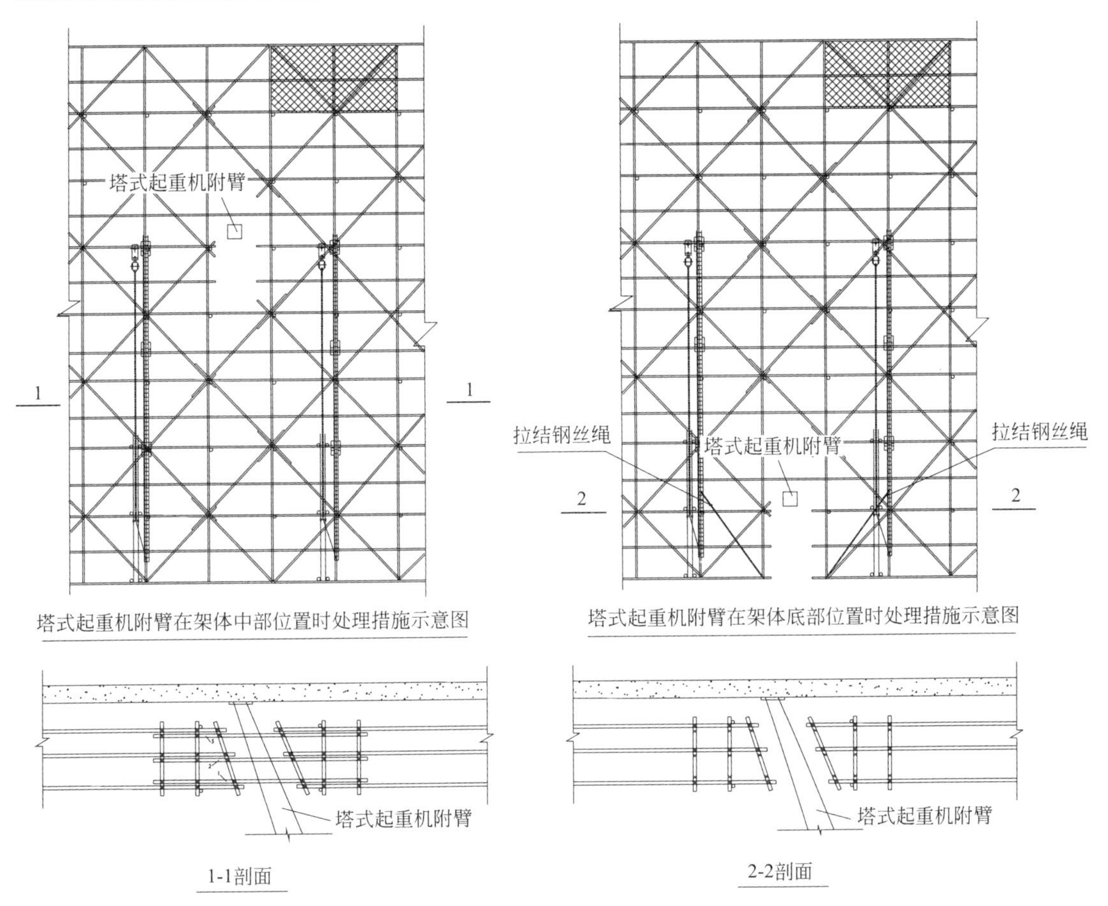

图 4-5 塔式起重机附臂穿过架体做法图

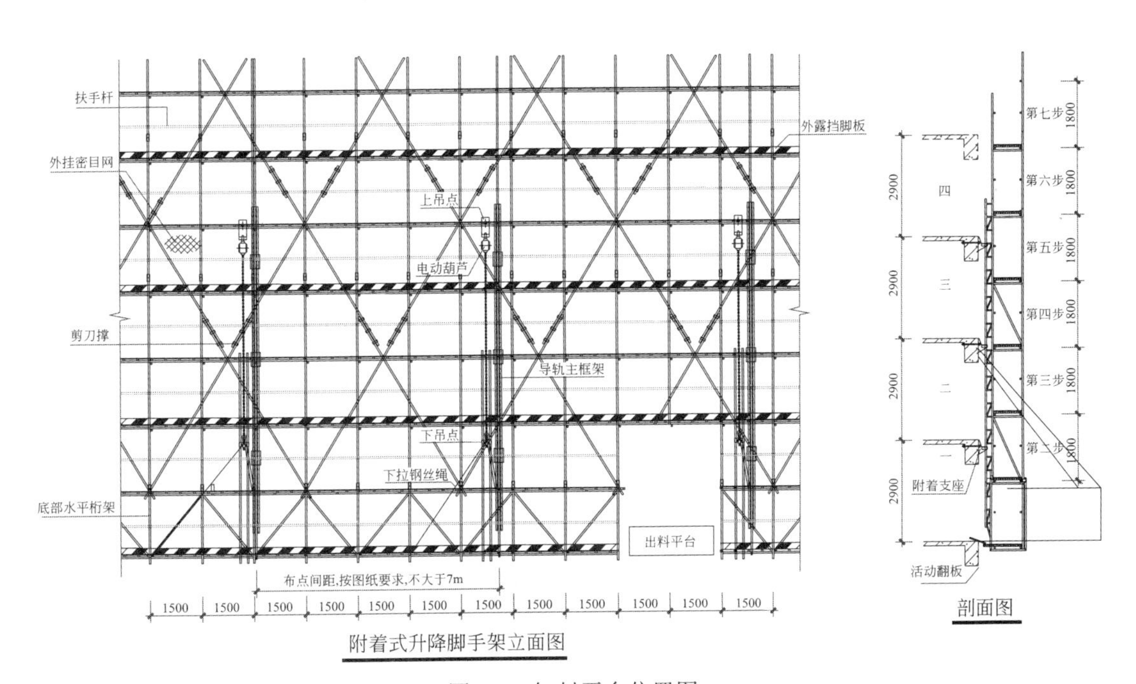

图 4-6 卸料平台位置图

架体断开部位剪刀撑搭设形成三角，洞口临边设置拦腰杆，并外挂密目网，设置警示牌。

（4）机房层结构防护措施

为满足机房顶结构防护要求，需要架体局部加高。机房层结构分为梁、墙体位置。框架梁位置只加高内排挂设防护网即可，只提供外围防护，不提供工人站立作业面，木工操作借助于结构内侧的满堂架。墙体位置架体内外排均需要加高。只在机房临边位置接高架体。双排架架体与结构连接时需要在结构内预埋不小于 M24 螺杆，与钢管搭接焊接长度不小于 300mm，需要满焊。剖面图如图 4-7 所示。

使用过程中注意：

架体搭设及使用中，必须按规范进行施工，保证架体使用中不少于三个附着支座并安全可靠，检查定位扣件是否上齐。架体顶部悬臂部分，每层必须与结构间进行间距为 1.5m 的可靠拉结（严禁与支模架进行拉结），每处拉结均设一道水平拉结和一道斜撑拉结，拉结连通架体外排。接高架体前，检查并按上述要求做好架体原有悬挑部分的拉结工作。接高部分的拉结必须与接高部分架体同时搭设，严禁采用后加方法，以利于架体稳定，保证所做拉结真正起到卸荷作用。

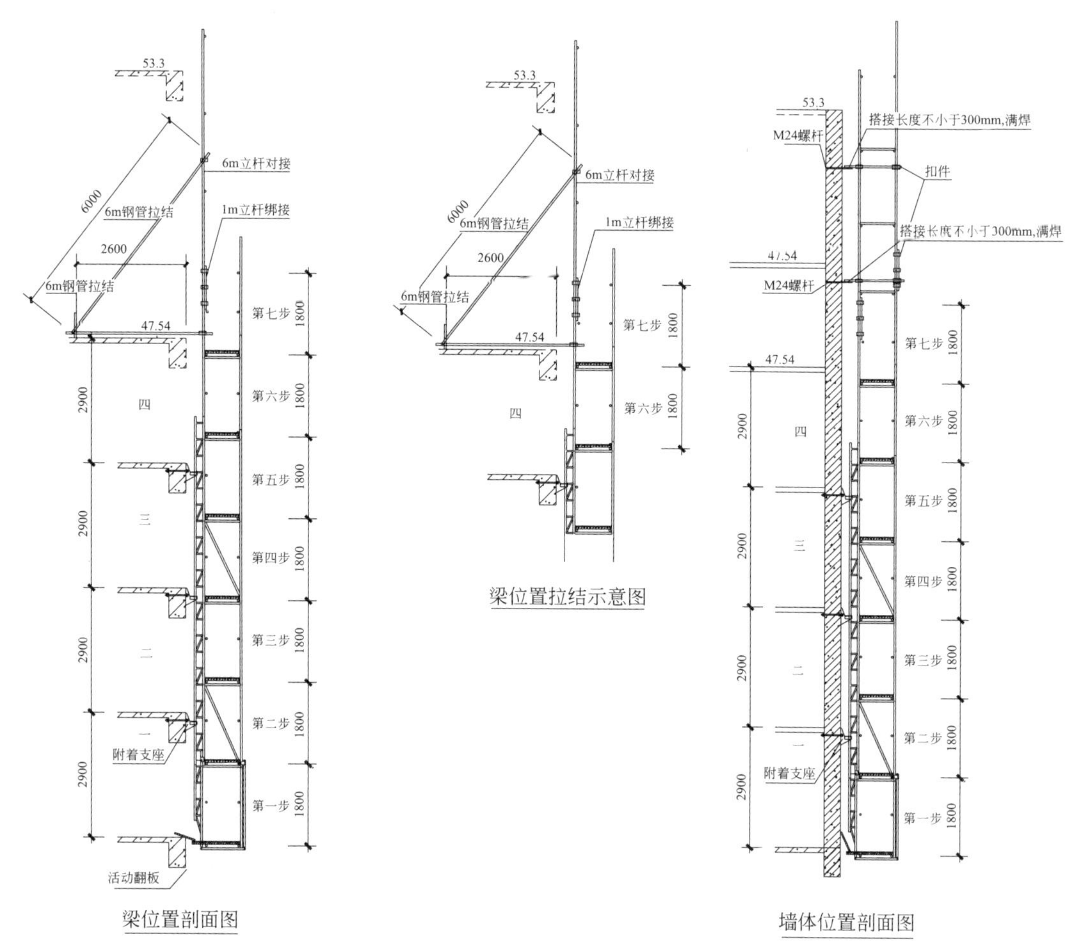

图 4-7　机房层结构拉结示意图（一）

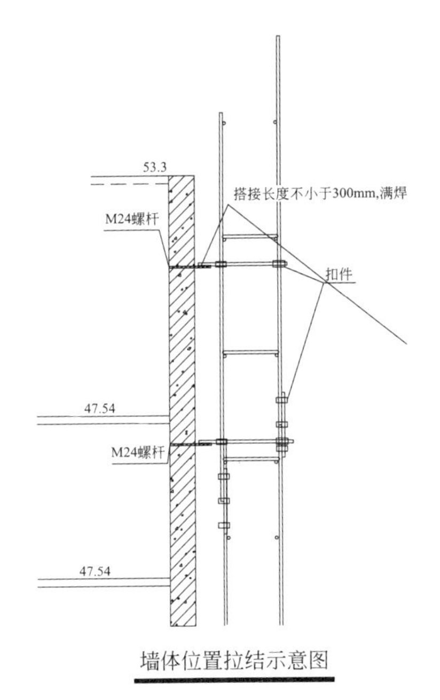

图 4-7　机房层结构拉结示意图（二）

接长部分搭设及使用过程中，按规范上好吊挂件，关闭电箱电源，电动葫芦收钩，使葫芦钩处于待受力状态。

其他相关工种作业人员严禁支顶、刮碰架体、拆除架体构件等，严禁出现人为因素造成对架体的威胁。接高部分架体严禁堆载。

如遇五级以上大风天气，严禁进行架体的搭设、拆除作业，同时严禁人员进入架体上作业。

接高架体部分必须在外架下降前拆除。

4.2　电动桥式脚手架

电动桥式脚手架（附着式电动施工平台）是一种大型自升降式高空作业平台。它可替代脚手架及电动吊篮，用于建筑工程施工。电动桥式脚手架仅需搭设一个平台，沿附着在建筑物上的三角立柱通过齿轮齿条传动方式实现升降，平台运行平稳，使用安全可靠，且可节省大量材料（图 4-8）。

1. 构造

由三角格构式横梁节、脚手板、防护栏、加宽挑梁、驱动电机等组成。

2. 用途

用于外墙施工、装修、灌浆等作业。

3. 使用方法

采用电动桥式脚手架应根据工程结构图进行配置设计，绘制工程施工图，合理确定电动桥式脚手架的平面布置和立柱附墙方法，根据现场基础情况确定合理的基础加固措施。编制施工组织设计并计算出所需的立柱、平台等部件的规格与数量。

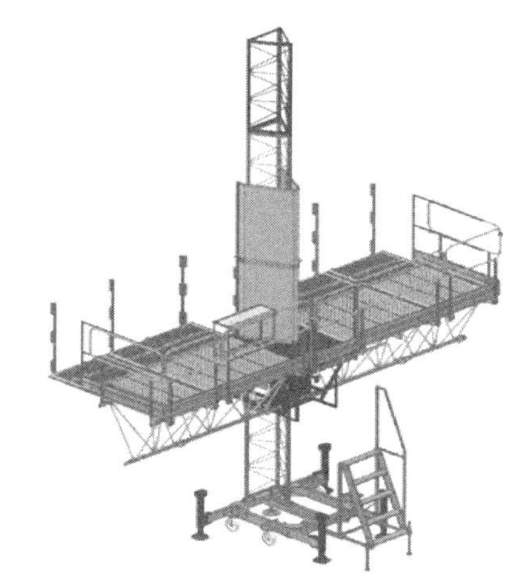

图 4-8 电动桥式脚手架

4.3 附着式工具式外挂脚手架

附着式工具式外挂脚手架常采用角钢、槽钢或钢管等型钢焊接而成。外挂架的承重架体、踏板、防护网在专业厂家生产，运至现场进行组装焊接。外挂架上设有与架子管能牢固连接的专用卡具，竖向搭设成“L”形脚手架，将若干个外挂架用架子管连接，组成一个起吊单元，形成外挂式脚手架。阳台处不设外挂架，施工队现场搭设，满挂平网和立网，与外挂式脚手架成为一体，将作业面围护封闭。

外挂架为三角架形式的分跨、不落地的工具式脚手架，外挂架防护高度为 1.8m，悬挂在外墙穿墙拉杆上，依靠塔式起重机分层提升，用于外墙安全防护（图 4-9）。

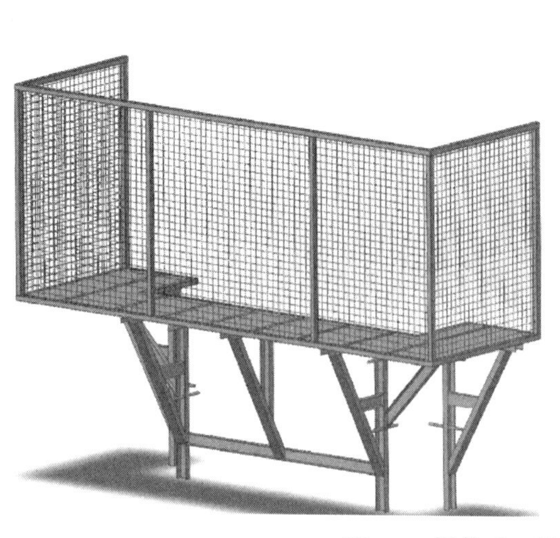
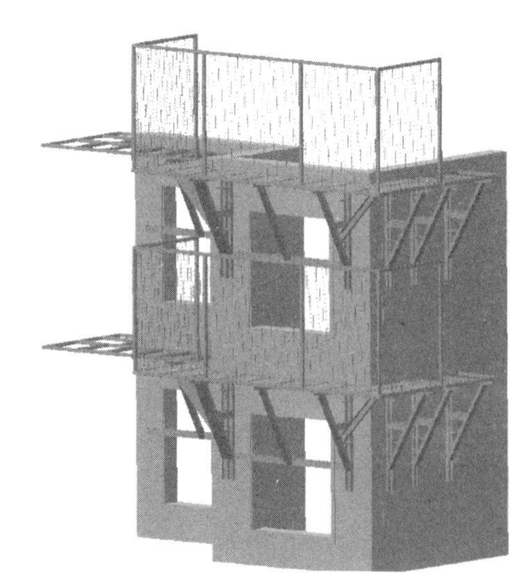

图 4-9 附着式工具式外挂脚手架

1. 构造

外挂架由三角架、大小横杆、立杆、安全防护栏杆、安全网、操作平台封板、穿墙拉杆、保险螺栓、吊钩以及防脱落装置等组成。围护架采用方钢管，立杆横距 1.8m，立杆纵距 1.5m，横杆步距 1.5m，排木间距不大于 1.0m。

2. 用途

用于预制外墙的安装、灌浆等操作。

3. 使用方法

采用两层架体，防护两层，逐层向上提升方案，防护至基准面 1.8m 以上。此种架体轻便安全，整体性强，满足施工防护要求。如图 4-10 所示。

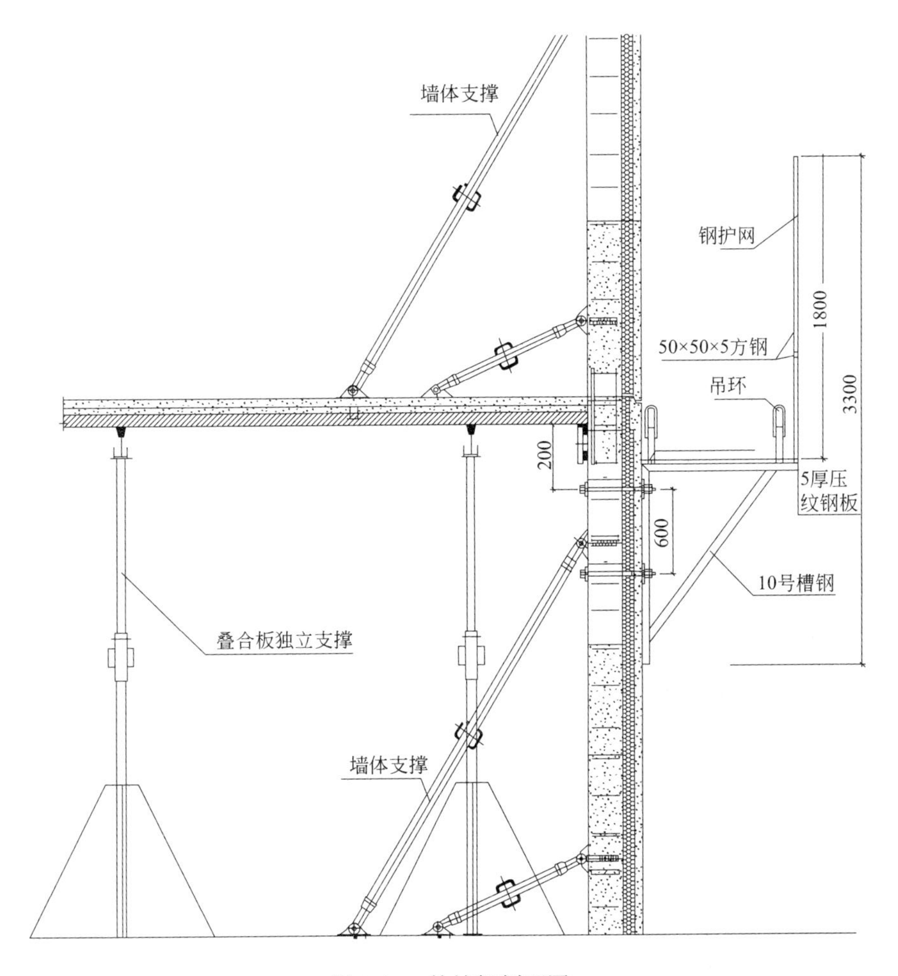

图 4-10 外挂架剖面图

（1）安装前现场须具备的条件

①外墙防护架吊装前预制剪力墙安装完成且灌浆完成。

②外墙板吊装完成。

③用于固定外挂板、预制剪力墙的斜支撑与结构板之间连接牢固。

④全现浇结构层落地外脚手架搭设高于全现浇层楼面 1.5m。

⑤外墙防护架单元试拼完成。

（2）施工步骤（图 4-11、图 4-12）

①防护架在地面按照事先平面布置图划分进行组装，外防护架体承重“三角架”结构由⊏ 12、⊏ 10 及 50×50×3.5 钢管焊接。

②架体分为上下两孔，两孔间距 600mm，采用 M24 螺栓与预制墙体固定，架体下部装有活动的螺母，依靠钢丝卡具连接在承力架上，安装时，从墙体内侧插入穿墙栓（背面垫 50×50×10 钢垫板），将外架贴在墙体上，将螺母安装上，从墙体内侧转动穿墙螺栓的固定端头，将外围护架上紧。按照平面图划分的组合单元将承重架、铺板、防护栏、翻板焊接安装，并核对检查焊接质量、平面尺寸、孔洞尺寸及位置是否准确等。

③起吊前应进行试吊，确保防护架单元吊点平稳。

④起吊过程中由 2 人在地面挂钩，1 人在地面指挥，2 人站在落地脚手架上，2 人在楼层室内，1 人在楼层室内指挥，1 人负责楼层操作面安全旁站（在整个施工过程中均需要 1 人负责楼层操作面安全旁站）。

⑤就位。外防护架吊运到接近安装位置约 0.5m 时停止下落，由站在外落地架上的 2 人扶正防护架，配合指挥缓慢将防护架靠近预制外剪力墙、外挂板，并将外防护架孔洞对准预制外剪力墙、外挂板上预留的孔洞。

⑥就位对孔完成后，由室内的两人将螺栓从内侧穿出并从内侧拧紧，在没有将所有外防护架螺栓拧紧前，塔式起重机不能移动，将该防护架单元所有螺栓拧紧后缓慢松钩并观察整个受力体系是否有异常现象。依次按照上述步骤完成整个首层一圈的外防护架，外防护架完成后确保一圈封闭。使用扭力扳手检查螺栓是否锁紧到位，扭矩控制在 45～65kN/m。

⑦节点处理。采用活页连接一块活动钢板将防护架单元与单元之间的缝隙及防护架铺板与墙体之间的缝隙进行遮盖。

⑧架体的提升。架体提升采用分段整体提升的方式，以组合后单段架体、护栏及架体平台为单元整体提升，提升机械采用塔式起重机；提升周期为一层一提升，外防护架架体提升时，架体拟就位位置墙体混凝土的强度不得低于 20MPa。

⑨外防护架的拆除。主体施工完成后方可进行外防护架的拆除，拆除时先拆最上层防护架。由两人将塔式起重机的吊钩固定在外防护架的吊点，并缓缓提升吊钩，使塔式起重机钢丝绳绷紧但不受力。内侧 2 人拧动螺栓。由塔式起重机将单元防护架整体吊至地面指定地点分类堆放整齐。

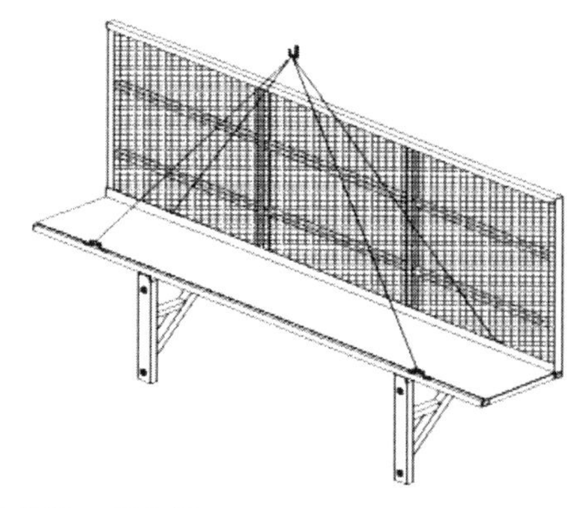

图 4-11　剪力墙体系外挂架工程应用

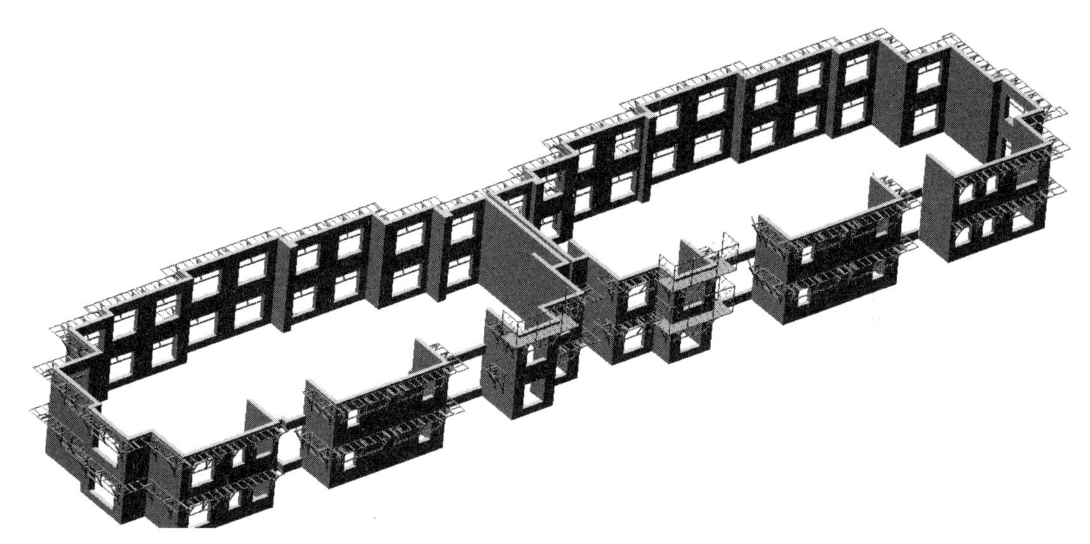

图 4-12 剪力墙体系外挂架安装示意图

4. 外挂架使用注意事项

严格按照施工方案规定的尺寸进行搭设，并确保节点连接达到要求。

外挂架搭设好后，必须经过安全部门、生产部门及监理单位验收合格后方可使用，作业人员必须认真戴好安全帽、系好安全带。

吊装挂架的索具应使用《重要用途钢丝绳》GB 8918—2006 规定的钢丝绳。钢丝绳直径不应小于 12.5mm，断股、起毛、锈蚀严重的钢丝绳不得使用。钢丝绳扣紧绳卡不少于三个，长度不小于 500mm。

挂架安装过程中要求平稳、准确、不碰撞、不兜挂，在吊装时必须使用大卡环，不允许使用吊钩。

当墙体未与挂架连接固定好时，吊索不允许脱钩。

预制斜支撑不得支撑于外挂架上。

外挂架经验收合格投入使用后，任何人不得擅自拆改，确因施工需要改动应经施工负责人批准，架子工负责操作。

要有可靠的安全防护措施，必须设置两道护身栏，作业层外侧面的钢丝防护网不得损坏。

设专人负责挂架定期检查，需要检查垫铁是否齐全，螺丝是否拧紧，穿墙螺栓、防护网片、外架吊具等是否损坏，一旦损坏必须及时更换。

所有外侧模板拆除时必须在有防护架时方可作业，并且在外架拆除前应将所有模板及支撑拆除干净。

应严格避免以下违章作业：利用挂架吊运重物，非架子工的其他作业人员攀登架子上下，推车在架子上跑动，在架体上拉结吊装缆绳，随意拆除架体部件和连墙杆件，起吊构件或器材时碰撞外挂架，提升时架子上站人。

挂架上严禁堆放施工材料或重大荷载。

动力线和照明线不得直接搭挂在挂架上，应设置木支架。

六级以上大风、大雾、大雨和大雪天气应暂停外挂架作业面施工。雨雪过后须由安全部门组织复工检查，确保无损坏后方可上架体作业。

施工人员不得在架子上集中停留或跑跳嬉戏、攀登挂架上下。

高处作业严禁抛掷物料。

转角处挂架挑出部分必须加斜拉杆，只允许上人，禁止承受其他荷载并且不得过于集中布置。

4.4 斜拉式支撑架

在安装斜拉式支撑架的楼层预制剪力墙上预埋孔洞。预制剪力墙下部连接固定工字钢，工字钢端部焊接钢板，钢板与剪力墙通过螺栓固定，在工字钢的另一端焊接连接筋板，预制剪力墙上部预留孔洞，通过穿墙螺栓固定斜拉杆。斜拉杆的下部与工字钢的端部筋板连接，斜拉杆中部安装有花篮调节螺栓，用来调整工字钢的水平度。再在工字钢上安装钢管脚手架，采用双排钢管脚手架搭设，通过横向、纵向钢管连接成整体。钢管搭设高度不超过 20m（6 层）（图 4-13）。

图 4-13　斜拉式支撑架

采用此斜拉式支撑架，钢管的搭设与传统现浇结构施工较类似。此斜拉式支撑架也可用于传统现浇剪力墙结构。

4.5 附着式整体爬升操作平台

针对预制装配式混凝土结构特点，研发适应于装配式混凝土结构的附着式爬升操作平台。

附着式爬升操作平台主要由架体系统、附墙系统、防护系统、防坠系统、动力及控制系统组成，采用单片式附着提升的提升方式，选用液压马达动力设备实现导轨自爬升，实现爬架逐片周转提升，与结构同步施工，解决了采用塔式起重机提升占用主体结构施工时间的问题。

1. 构造

附着式整体爬升操作平台采用一层半结构设计，架体总高 5.5m；外侧采用 4 张冲孔网配合竖龙骨形成整面式外立面防护；行走通道宽度 600mm，走道板离墙 250mm，离墙间隙采用钢制内挑板及翻板防护；架体提升采用导轨架体分离相互爬升方式；架体连接附墙座采用穿墙螺栓固定于结构剪力墙上并完成架体卸荷；每个零部件均采用螺栓连接且重量小于 25kg 方便工人搬运和安装。

2. 应用

附着式整体爬升操作平台采用一层半结构，顶部防护高度 1.5m。爬升平台采用电动机驱动齿轮进行滚动式提升和下降。在预制结构上预埋螺栓孔或埋件，将爬升齿条固定于混凝土结构柱或墙上，架体上安装有齿轮爬升装置及防坠落装置（类似于施工电梯），在底部组装完成后，利用齿轮在齿条上的爬升或下降，来完成爬架的上升或下降（图 4-14）。

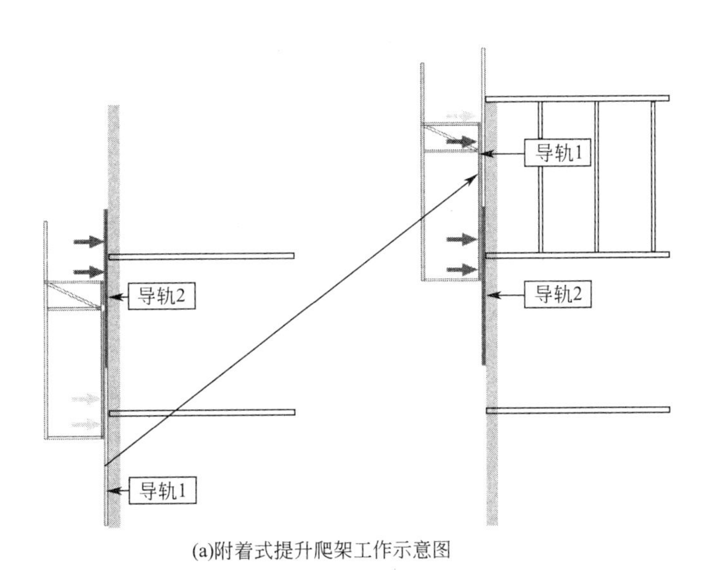

(a)附着式提升爬架工作示意图

图 4-14　附着式提升爬架（一）

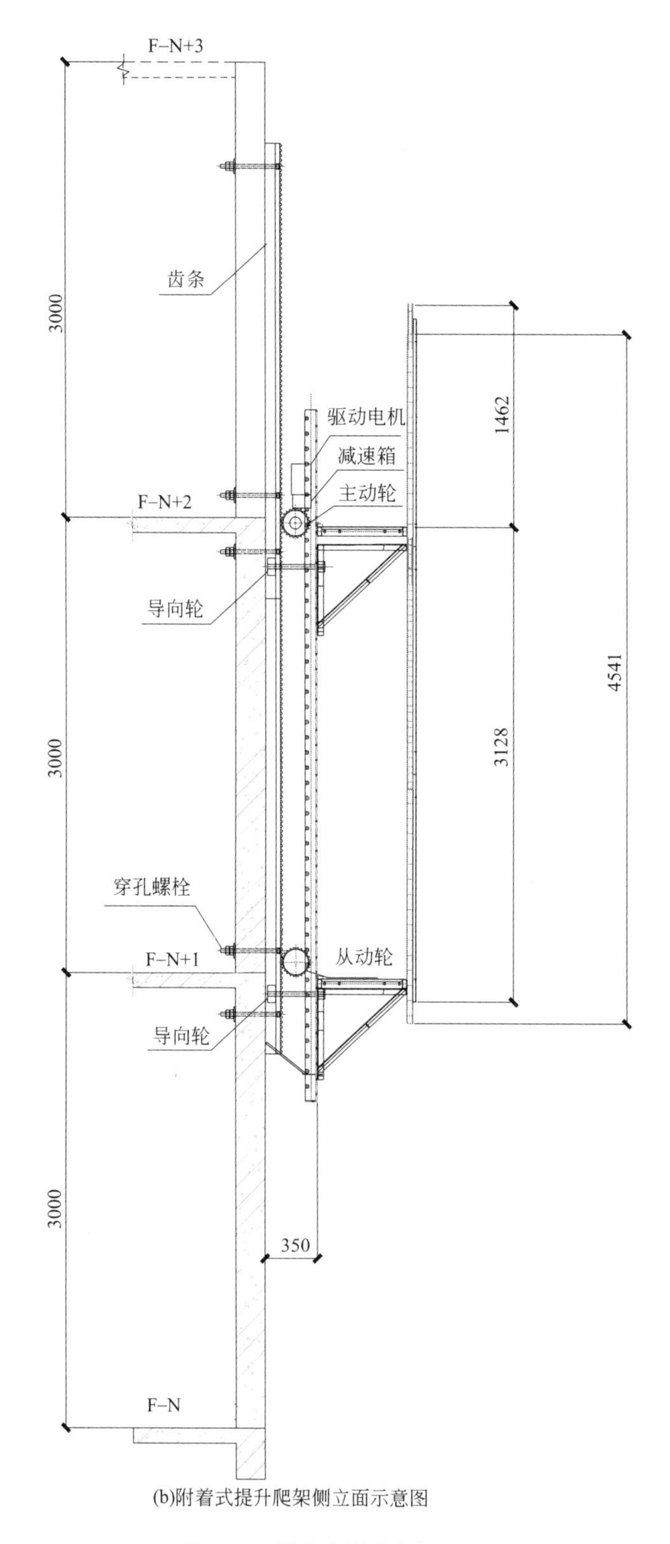

(b)附着式提升爬架侧立面示意图

图 4-14 附着式提升爬架（二）

(c)附着式提升爬架平面实物图

图 4-14 附着式提升爬架（三）

4.6 墙顶下挂方案挂架结构

针对以上传统外架支撑系统，结合传统外架系统优点，提出了一种墙顶下挂方案挂架结构。墙顶下挂方案满足强度与刚度要求，可实现墙内拆除墙外吊离，具有良好的力学性能和使用性能。可采用插销或螺栓取代反爪，在拆除时，只需在墙内拆掉插销或螺栓，即可从外侧吊离挂架（图 4-15）。

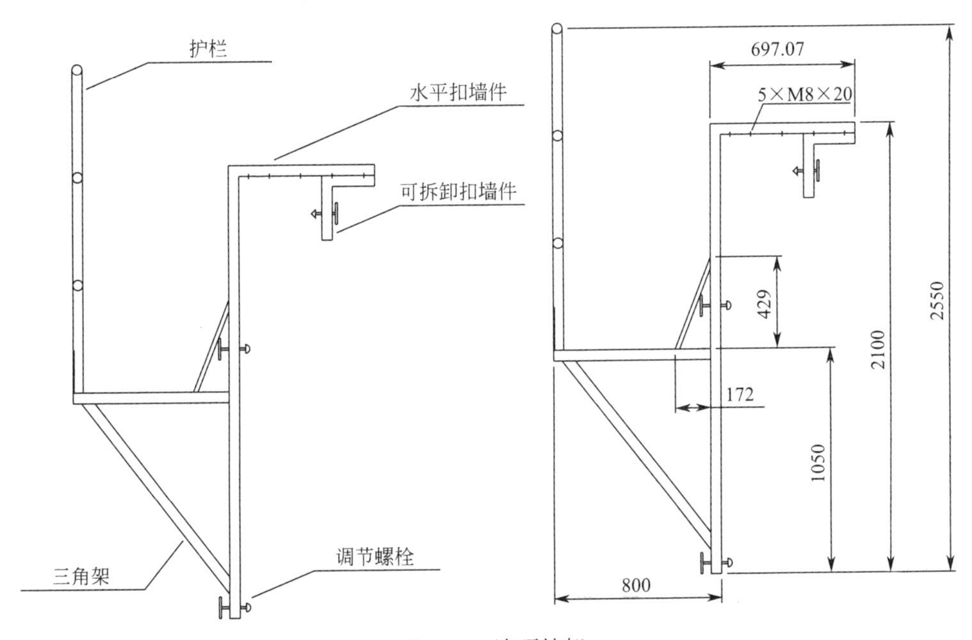

图 4-15 墙顶挂架

1. 构成

由护栏、水平扣墙件、可拆卸扣墙件、三角架及调节螺栓组成。

2. 用途

用于装配式建筑外墙安装与防护。

3. 使用方法

吊装墙体前将挂架用螺栓固定在墙的顶部，拆除时将顶出杆一端插进回顶头，敲击回顶杆另一端，从而顶出穿墙臂，帮助挂架与墙体脱离。

4.7 预制框架结构操作平台

1. 预制框架结构操作平台的研发

预应力框架柱普遍采用通长预制柱（三层或四层楼高），预制柱普遍长度较长，吊点高度较高。预制柱安装就位后，再安装预制混凝土梁，预制混凝土梁与柱通过钢绞线压接。因此，对每个楼层各纵横轴线的钢绞线穿束，均需在每个楼层的预制柱外层轴线处进行。

结合现场实际情况，研发出了一种新型的预制柱简易挂架，为柱梁内钢绞线安装、张拉、封锚及管道灌浆作业提供作业平台，方便现场操作，提高工效，降低危险性。

根据预制柱的截面大小，设计简易挂架的宽度。简易挂架的平台尺寸满足 2 人作业即可。在预制柱穿孔部位下方 750mm 以及 1700mm 左右位置预埋螺栓孔或螺栓套筒，作为简易挂架与预制柱连接用。

针对预制装配式混凝土框架结构特点，研发适用于装配式混凝土框架结构的操作平台。操作平台由槽钢、钢管及防护网焊接而成。操作平台尺寸约 800mm×625mm，可同时供 2 人操作。

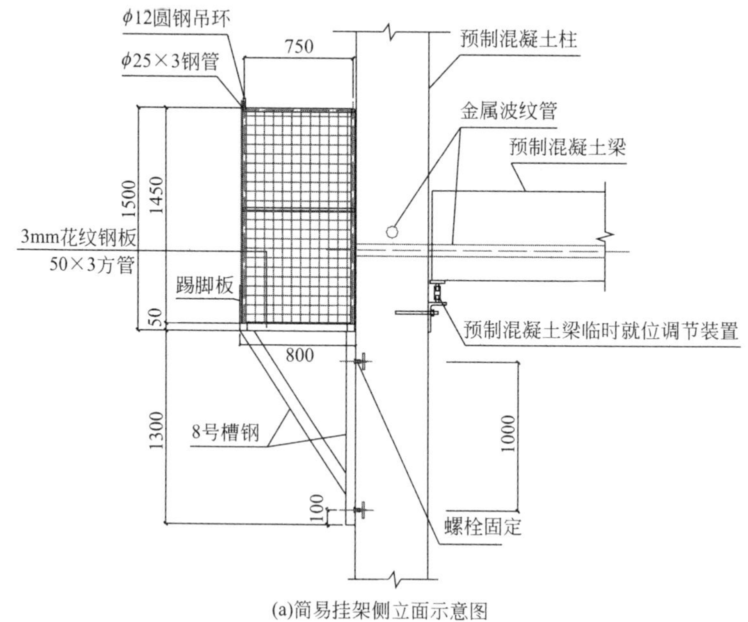

(a)简易挂架侧立面示意图

图 4-16 预制框架结构操作平台（一）

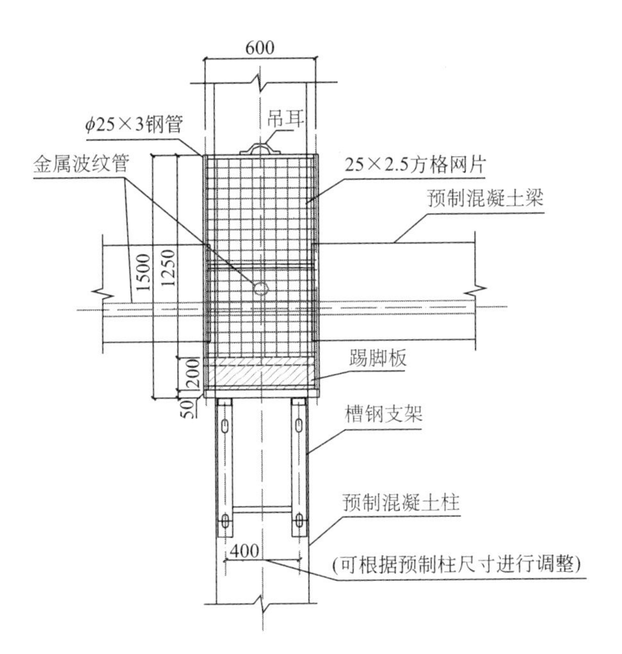

(b)简易挂架正立面示意图

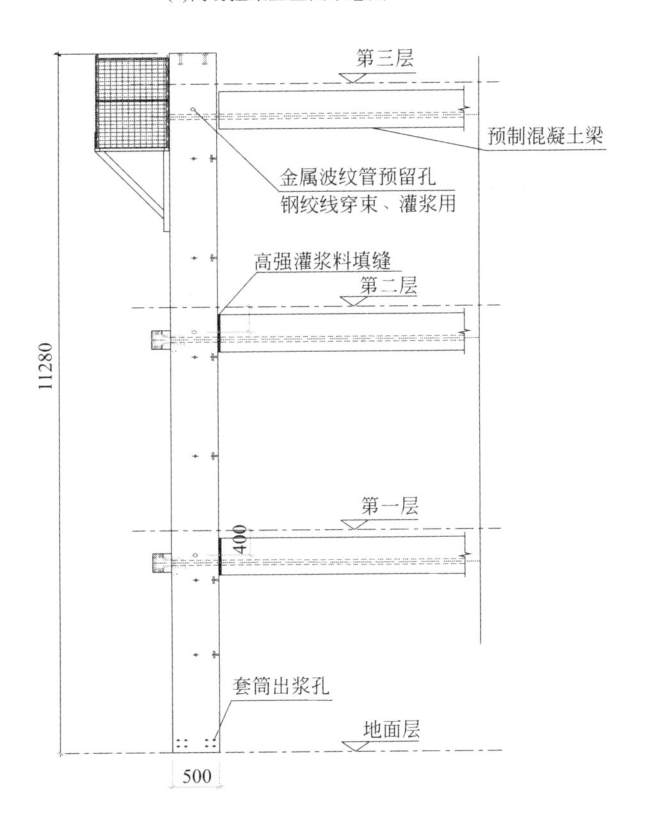

(c)简易挂架安装作业示意图

图 4-16　预制框架结构操作平台（二）

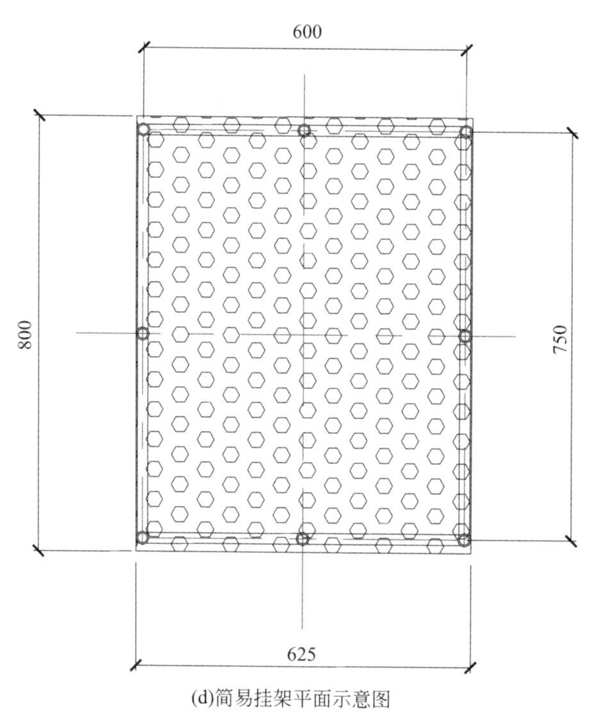

(d)简易挂架平面示意图

图 4-16 预制框架结构操作平台（三）

2. 预制框架结构操作平台的应用

简易挂架通过槽钢、钢管、钢板、钢丝网等材料焊接而成，取材容易、制作简单。简易挂架重量较轻，方便安装与拆除。简易挂架可在地面与预制柱连接安装，整体吊装就位，也可单独吊装安装。

操作平台下部设置有槽钢支腿，通过塔式起重机吊装就位，采用预埋螺栓或其他方式与预制柱连接固定。通过钢爬梯上下至操作平台与结构楼层。

简易挂架安装到位后，即可作为梁柱的安装平台，在每层结构层端部，对混凝土梁及柱穿钢绞线，布置液压千斤顶，张拉钢绞线，封锚以及灌浆作业（图 4-16）。

4.8 预制夹心墙体用新型多功能安全防护架

无脚手架多功能安全防护体系新型围护架可代替施工外脚手架，对建筑起到围护作用（图 4-17）。

1. 构造

新型围护架由立杆、横杆和围挡板组成。

2. 用途

用于夹心保温墙体或单面叠合剪力墙结构安装安全防护。

3. 使用方法

采用新型围护架进行围护时，需在预制外页墙板对应位置预留安装孔洞，预留孔洞间隔取定值；墙板吊装就位后安装连接钢件，钢件通过螺栓与墙体固定；连接钢件安装完成后进行槽钢安装，槽钢通过螺栓与连接钢件固定，共同形成围护架体的安装底座；围护架立杆插入与槽钢焊接牢固的刚座中，并通过螺栓与槽钢进行连接。结构主体施工完成后，可配合施工吊篮完成外立面打胶等作业。使用时仅需在施工层设置，围护架构造简单，用料节省，重量较轻，搭拆方便，施工速度快，制作安装提升等各阶段操作简便。

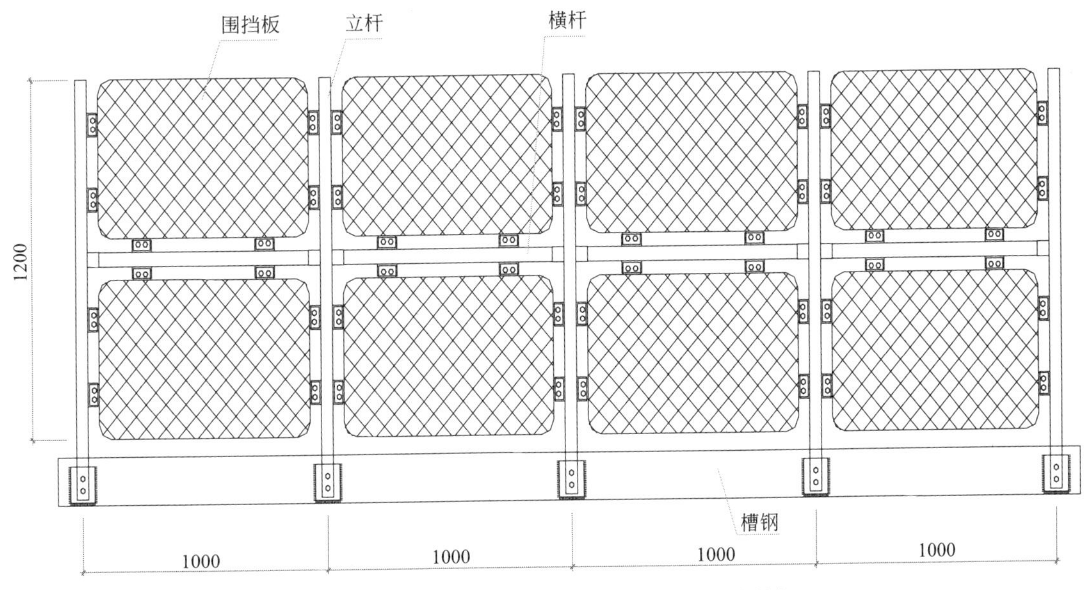

图 4-17　预制夹心墙体用新型多功能安全防护架

4.9　临边安全防护架

1. 安全防护施工工艺流程

施工安装准备→首层、二层临边预制构件的工具式安全防护架安装→校核防护架与构件的安装位置偏差→随层吊装临边预制构件及安全防护架→整体安全防护架的交圈闭合检查→结构主体水平防坠措施的安装与验收→安全防护体系的安全检查与验收→施工层安全防护架的施工周转→主体施工完成→安全防护架的拆除。

2. 安全防护施工要点（图 4-18）

（1）施工准备。检查临边预制构件的防护架安装位置，检查防护架的规格及附件材料，检查安装工具及安装防护措施。

（2）安装首层、二层的临边预制构件的防护架体。包括脚手板、防护板、工具架体挂栓等构件，确保架体单元结构连接安全可靠。

（3）校核工具式防护架与预制构件单元的安装偏差，防止临边预制构件安装时，防护架体出现位置偏差。

（4）首层、二层的防护架体随本层构件安装至结构主体。

（5）本层临边构件吊装完成后，检查本层的防护架体的整体封闭安全性，检查预制构件间水平位置的安全防护，确保本层临边安全防护交圈闭合。

（6）进行首层、二层结构主体安全防护体系的检查与验收。工具式防护架在搭设完毕后，正式使用前必须经过技术、安全、监理等单位的验收。未经验收或验收不合格的防护架不得使用。

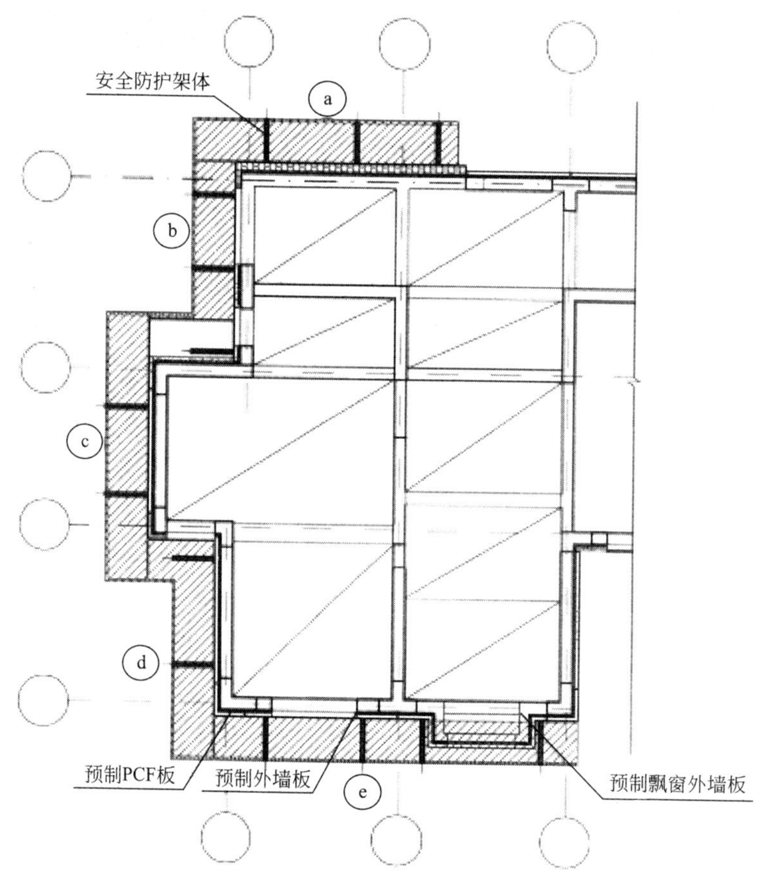

图 4-18　临边安全防护架安装示意图（一）

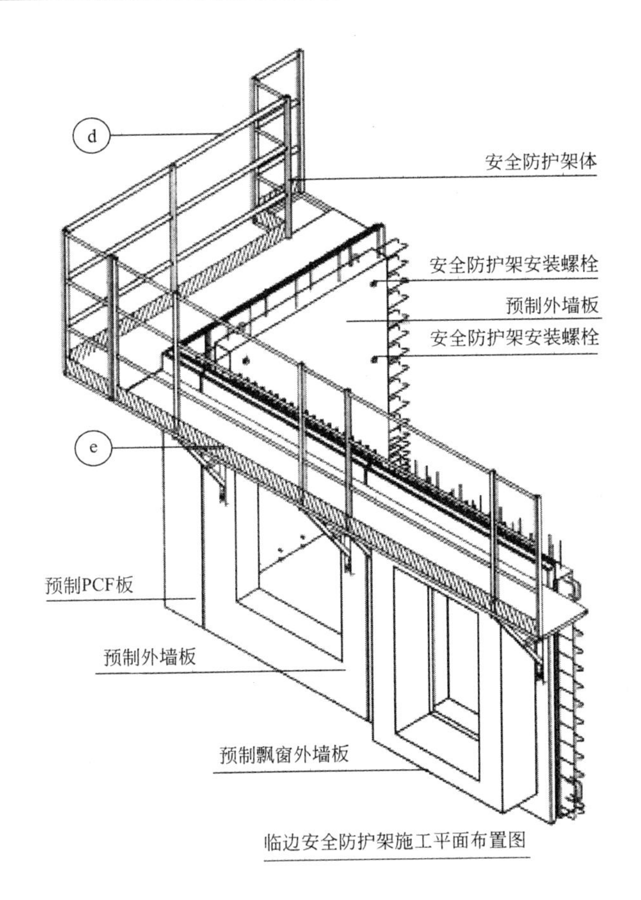

硬质防护网

踢脚板

主承力架

预制混凝土外墙板

图 4-18　临边安全防护架安装示意图（二）

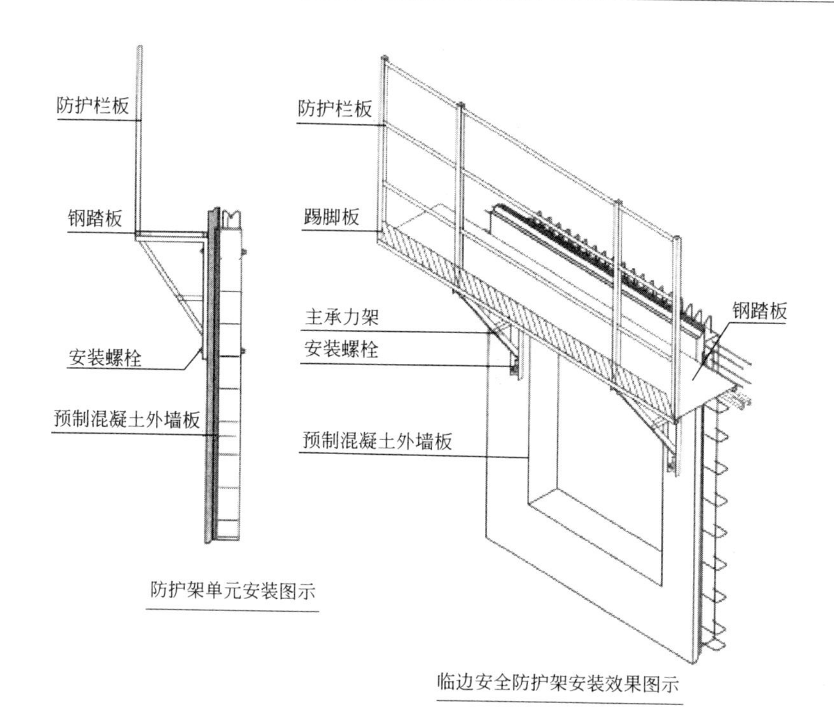

e
d
安全防护架
第n+1层
安全防护架
第n层
安全防护搭设(两层设置)

图 4-18　临边安全防护架安装示意图（三）

（7）三层主体结构施工的安全防护采用首层的安全防护架体周转安装，四层主体结构施工的安全防护采用二层的安全防护架体周转安装。本层结构安全防护整体完成后必须进行检查与验收。

（8）结构主体施工完成后，拆除安全防护架。

3. 其他要求

（1）安全防护主要是保障施工人员在操作面施工作业时的安全防护措施，采用该防护架体时，需制定专项施工方案和专项论证。

（2）采用该安全防护体系，以组合单元形式周转调运，架体安装拆除时，附墙螺栓从结构内侧进行紧固、拆除。

（3）装配式剪力墙结构施工临边安全防护形式的选用，需在进行墙板预制生产阶段前期根据施工方案确定，以便进行附墙受力、附墙拉结等具体预留预埋的留设。

参考文献

[1] 张鹏,迟锴.工具式支撑系统在装配式预制构件安装中的应用[J].施工技术,2011,41(22):79-82.

[2] 中华人民共和国住房和城乡建设部.JGJ 1—2014 装配式混凝土结构技术规程[S].北京:中国建筑工业出版社,2014.

[3] 中华人民共和国住房和城乡建设部.GB 50204—2015 混凝土结构工程施工质量验收规范[S].北京:中国建筑工业出版社,2015.

[4] 中华人民共和国住房和城乡建设部.GB 50666—2011 混凝土结构工程施工规范[S].北京:中国建筑工业出版社,2011.

[5] 中华人民共和国住房和城乡建设部.JGJ 355—2015 钢筋套筒灌浆连接应用技术规程[S].北京:中国建筑工业出版社,2015.

[6] 中华人民共和国住房和城乡建设部.GB 51210—2016 建筑施工脚手架安全技术统一标准[S].北京:中国建筑工业出版社,2016.

[7] 中华人民共和国住房和城乡建设部.JGJ 202—2010 建筑施工工具式脚手架安全技术规范[S].北京:光明日报出版社,2010.

[8] 上海城建职业学院.装配式混凝土建筑结构安装作业[M].上海:同济大学出版社,2016.

[9] 中国建筑业协会.装配式混凝土建筑施工指南[M].北京:中国建筑工业出版社,2019.